直升机/无人机武器协同技术

彭 非 王旭东 李五洲 编著
王晓卫 郝文龙

国防工业出版社

·北京·

内 容 提 要

本书以直升机/无人机协同攻击为主线,以直升机/无人机协同作战的基本概念和发展历程为切入,并围绕直升机/无人机武器协同的体系架构及任务流程、信息传输、态势感知、任务规划、制导打击等多项技术展开系统阐述,分析了所涉各项技术的基本原理和发展现状,为从事相关领域研究的学者和科研人员提供指引和参考。

本书可作为无人机操控与管理、无人机飞机系统维修等相关专业学生的配套辅助教材,也可作为研究直升机/无人机协同攻击技术的参考用书,同时还可供对相关领域感兴趣的其他读者阅读使用。

图书在版编目(CIP)数据

直升机/无人机武器协同技术/彭非等编著.—北京:国防工业出版社,2024.4
ISBN 978-7-118-13186-4

Ⅰ.①直… Ⅱ.①彭… Ⅲ.①直升机—无人驾驶飞机—协同作战—研究 Ⅳ.①E926.396

中国国家版本馆 CIP 数据核字(2024)第 066955 号

※

国防工业出版社出版发行
(北京市海淀区紫竹院南路23号 邮政编码100048)
天津嘉恒印务有限公司印刷
新华书店经售

*

开本 710×1000 1/16 印张 8½ 字数 154 千字
2024 年 4 月第 1 版第 1 次印刷 印数 1—1500 册 定价 48.00 元

(本书如有印装错误,我社负责调换)

国防书店:(010)88540777　　书店传真:(010)88540776
发行业务:(010)88540717　　发行传真:(010)88540762

前　言

无人机具有无生命危险、大过载与高机动性、隐身性和经济可承受性等特点，已被广泛运用到战场中，执行战场侦察、对地攻击等任务。结合无人机、直升机的作战特点，采取优势互补的方式，将无人机与直升机联合编队实施协同攻击，已在现代战争中涌现出诸多成功的应用案例，也必将在未来战争中发挥巨大作用。然而当前，关于直升机/无人机武器协同技术研究方面的书籍却极为匮乏。

本书是作者根据多年一线教学经验，结合教学改革、科研项目中的诸多探索实践，撰写成的一部专业基础教材。本书以直升机/无人机协同攻击为主线，介绍了直升机/无人机协同作战的基本概念、发展历程、作战流程以及所涉及的关键技术，内容涵盖协同作战、态势感知、数据融合、任务规划、航空制导等多个交叉学科，具有跨领域、跨学科特性。全书共分6章，第1章介绍了直升机/无人机武器协同作战的基本概念，并对其发展现状进行阐述；第2章介绍了直升机/无人机武器协同的体系架构、主要作战形式和作战流程；第3章介绍了直升机/无人机武器协同信息传输的概念、传输过程、关键技术和发展趋势；第4章介绍了单平台目标定位与跟踪的基本知识，并重点阐述了多平台协同搜索与跟踪、协同数据融合等技术；第5章围绕协同任务规划，重点介绍了直升机/无人机武器协同的任务分配、航路规划、攻击决策等技术；第6章介绍了直升机/无人机武器协同中的制导攻击技术，集中阐述了制导技术的基本原理、典型攻击武器的关键技术和主要运用模式。

全书的章节规划和统稿由彭非完成，第1章由王晓卫编写，第2、6章由王旭东编写，第3章由郝文龙编写，第4、5章由彭非编写，内容审校由李五洲、王旭东完成。

受作者水平和成书时间所限，加之书中提及的多项技术尚处于不断发展与迭代过程中，书中难免存在不足及疏漏之处，恳请读者批评指正。

作　者
2023年12月

目 录

第1章 绪 论 ··· 1

1.1 直升机/无人机武器协同的概念 ·· 1
1.1.1 有人机/无人机协同 ··· 1
1.1.2 直升机/无人机武器协同 ·· 6
1.2 直升机/无人机武器协同关键技术 ·· 8
1.3 直升机/无人机武器协同发展及典型应用 ·· 9
1.3.1 直升机/无人机武器协同发展历程 ······································ 9
1.3.2 直升机/无人机武器协同典型应用 ······································ 11

第2章 直升机/无人机武器协同体系架构及任务流程 ··························· 13

2.1 直升机/无人机武器协同体系架构 ·· 13
2.1.1 构成要素 ··· 13
2.1.2 功能划分 ··· 13
2.2 直升机/无人机武器协同作战形式 ·· 14
2.2.1 点目标精确式协同打击 ··· 15
2.2.2 大型目标饱和式协同打击 ·· 15
2.2.3 多目标分散式协同打击 ··· 17
2.3 基于OODA模型的直升机/无人机武器协同作战流程 ······················· 18
2.3.1 OODA指挥控制模型 ··· 18
2.3.2 直升机/无人机武器协同作战任务流程 ······························· 19

第3章 直升机/无人机武器协同信息传输技术 ······································ 22

3.1 基本概念 ··· 22
3.1.1 武器协同数据链 ·· 22
3.1.2 直升机/无人机武器协同数据链的功用 ······························· 23

  3.1.3 直升机/无人机武器协同数据链的需求特征 …………… 23
 3.2 武器协同数据信息的传输 …………………………………………… 24
  3.2.1 数据信息传输协议 …………………………………… 24
  3.2.2 数据信息传输信道 …………………………………… 25
  3.2.3 数据信息传输的内容 ………………………………… 26
 3.3 武器协同数据信息传输的关键技术 ……………………………… 27
  3.3.1 信源编码技术 ………………………………………… 28
  3.3.2 信道编码技术 ………………………………………… 28
  3.3.3 数字调制技术 ………………………………………… 30
  3.3.4 多址接入技术 ………………………………………… 34
 3.4 直升机/无人机武器协同数据链技术的发展和趋势 …………… 37
  3.4.1 直升机/无人机武器协同数据链技术的发展情况 …… 37
  3.4.2 直升机/无人机武器协同数据链技术的发展趋势 …… 42

第4章 直升机/无人机武器协同态势感知技术 ……………………………… 44
 4.1 单平台目标定位与跟踪技术 ……………………………………… 44
  4.1.1 平台定位 ……………………………………………… 44
  4.1.2 目标定位 ……………………………………………… 48
  4.1.3 目标自动跟踪 ………………………………………… 60
 4.2 多平台协同搜索与跟踪技术 ……………………………………… 71
  4.2.1 多平台协同搜索 ……………………………………… 71
  4.2.2 多无人机协同目标跟踪 ……………………………… 74
 4.3 多平台协同数据融合技术 ………………………………………… 77
  4.3.1 数据融合概述 ………………………………………… 77
  4.3.2 多平台协同数据融合模型 …………………………… 78
  4.3.3 多平台协同数据融合技术发展方向 ………………… 80

第5章 直升机/无人机武器协同任务规划技术 ……………………………… 82
 5.1 任务分配技术 ……………………………………………………… 82
  5.1.1 任务分配的基本概念 ………………………………… 82
  5.1.2 典型问题描述 ………………………………………… 83

  5.1.3 典型问题解法 ·· 84
 5.2 协同航路规划技术 ·· 87
  5.2.1 协同航路规划的基本原则 ·································· 87
  5.2.2 协同航路规划的基本思路 ·································· 88
 5.3 协同攻击决策技术 ·· 89
  5.3.1 直升机/无人机协同空战攻击决策 ·························· 89
  5.3.2 直升机/无人机协同对地攻击决策 ·························· 90
  5.3.3 多无人机协同空战攻击决策 ································ 90
  5.3.4 多无人机协同对地攻击决策 ································ 91

第6章 直升机/无人机武器协同攻击技术 ·························· 94
 6.1 直升机/无人机协同攻击制导技术 ·································· 94
  6.1.1 导弹制导的基本原理 ······································ 94
  6.1.2 常用的导弹制导技术 ······································ 95
  6.1.3 激光半主动式制导技术 ···································· 101
 6.2 直升机/无人机协同攻击的典型武器 ······························ 113
  6.2.1 典型的激光半主动式制导武器 ······························ 113
  6.2.2 激光半主动式制导武器的使用要求 ·························· 115
 6.3 直升机/无人机武器协同的典型攻击方式 ·························· 118
  6.3.1 典型武器的协同运用模式 ·································· 118
  6.3.2 协同制导的典型攻击过程 ·································· 119

参考文献 ·· 124

第1章 绪　　论

随着航空技术的发展与军事需求的推动,无人机已被广泛运用到战场中,执行战场侦察、对地攻击等任务,与直升机相比,其具有高升限、远距离、长航时、高效费比等显著特点,在未来战争中对提高战场空间态势感知能力、高风险目标突防能力、通信导航支援能力、电子战能力、通信导航支援能力、固定和移动目标攻击能力、作战生存能力和联合作战能力等方面都将起到重要作用。

直升机作为活动在低空、超低空空间的主要飞行器,具有快速突击、灵活机动的多种优势,结合无人机、直升机的作战特点,采取无人机与直升机联合编队实施协同攻击的作战方式在现代战争及未来战争中具有重大的意义。本章围绕直升机/无人机协同作战展开,重点对协同作战的概念、所涉及的关键技术、发展历程及典型应用进行介绍。

1.1　直升机/无人机武器协同的概念

1.1.1　有人机/无人机协同

现代空战技术和防空武器的发展,使得未来信息化条件下的航空兵作战将会面对高烈度的战场环境和复杂的作战任务,有人机或无人机独立完成作战任务的难度和危险性将会急剧增大。随着隐身战斗机、智能无人机和现代防空系统的快速发展,航空作战的战场环境、对抗样式和节奏烈度正在发生深刻变化,使传统的以有人战斗机独立承担作战任务的模式受到极大挑战:一是态势复杂节奏快,飞行员难以快速响应;二是火力密集突防难,有人机难以全身而退;三是强敌创新攻势猛,老模式难觅制胜先机。

未来空中需要面对的主要作战任务有战场侦察与搜索、突防与火力压制、战场时敏目标打击、信息对抗、空中截击等。特别地,无人机还可以充当诱饵,以消耗敌方的防空火力。但是,随着现代空战技术和防空武器的发展,未来信息化条件下的空中作战需要面对的战场环境将会非常恶劣,作战任务通常也会异常复杂。在这种情况下,独立使用有人机或无人机完成作战任务的难度和危险性将会急剧增大。如果能够以有人/无人协同作战的方式有效整合有人作战飞机与无人机的特长,就有可能形成能够有效完成复杂作战任务的系统作战能力,从而更好地适应空中未来作战任务。

1.1.1.1 基本概念

有人机/无人机协同作战是指在信息化、网络化及体系对抗环境下,有人机与无人机建立联合编队,充分发挥各自优势,共享战场信息,进行相互支援、相互保障和相互掩护,协同完成作战任务的过程。有人机/无人机协同作战示意如图1-1所示。

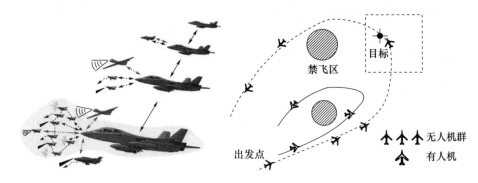

图1-1 有人机/无人机协同作战示意图

从协同层次上看,有人机/无人机协同作战包括接收和发送二次图像或数据、有人机/无人机之间直接的传感器数据传输、无人机载荷控制、无人机飞行控制、无人机起降控制等,协同级别越高,控制能力越强,涉及的关键技术越多越复杂,如表1-1所示。

表1-1 有人机与无人机的协同等级

等级	能力
第一级(Ⅰ)	接收和发送二次图像或数据
第二级(Ⅱ)	第一级能力+直接接收无人机的图像或数据
第三级(Ⅲ)	第二级能力+控制无人机的任务载荷
第四级(Ⅳ)	第三级能力+控制无人机飞行
第五级(Ⅴ)	第四级能力+控制无人机发射与回收

其中,第二级操控能力有人机机组人员只能观看接收到的无人机视频信号,而达到第四级操控能力则意味着有人机能够完全控制无人机的导航系统,机组人员可以利用驾驶舱的控制和显示系统管理无人机的飞行轨迹,可以控制无人机任务载荷,甚至发射武器。

1.1.1.2 主要任务类型

有人机/无人机协同作战,主要用于在实施空中突防、对地侦察、目标打击等作战行动中,完成协同态势感知、协同目标打击、协同防御作战等任务。

1) 协同态势感知

一是协同战场监视。在战场侦察监视中,有人机位于敌防空火力打击范围外,利用无人机搭载雷达、光电等不同侦察载荷,可长时间对战场进行综合性侦察监视,实现无人机与有人指挥机配合,形成战场情报综合态势以及针对高威胁目标的复合监视,扩展了预警探测范围,增强了抗干扰能力和战场适应性,实现目标跟踪的连续性,改善目标情报精度,提高战场态势的感知能力,如图1-2所示。

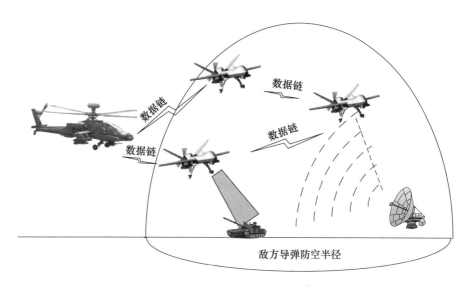

图1-2 有人机与无人机协同战场监视示意图

二是协同目标侦察。利用有人机与多架无人机编队共同遂行目标侦察任务,可以提高任务的执行效率,扩大侦察半径,有效地侦察到移动的或者未知的目标。当有人机雷达远距离发现目标时,机载雷达往往无法准确地识别目标属性,特别是在有人机低空或者超低空飞行、受敌方实施电子干扰的情况下,目标真假难辨。无人机可抵近目标,利用光电传感器对目标进行侦察识别,将近距离侦测到的目标信息通过数据链直接传送给有人机。

三是协同精准定位。利用有人机、无人机多个平台搜索、跟踪同一目标,可有效提高目标跟踪定位精度,尤其是对某些时敏(装备有雷达和红外告警)目标,单一平台难以实现精确定位,通过有人机、无人机共享角度跟踪数据,可精准对目标实施协同定位。如图1-3所示,有人机和无人机编队通过携带的无源探测设备实现对目标的精确协同定位。

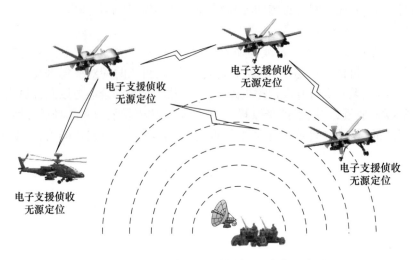

图1-3 有人机与无人机协同无源定位示意图

2) 协同目标打击

一是目标指示。在有人机/无人机协同作战过程中,无人机飞抵目标区域对目标实施侦察定位,并将探测到的目标信息和战场态势直接传送给有人机,有人机视情发射导弹攻击目标并迅速撤离,由无人机对目标进行近距离激光照射或雷达指示,引导制导武器攻击目标,如图1-4所示。

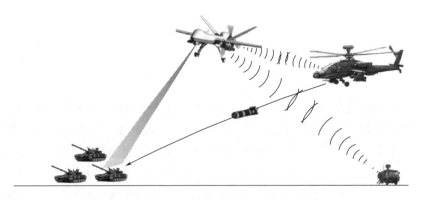

图1-4 有人机与无人机协同目标指示示意图

二是协同攻击。有人机与多架无人机编队协同执行攻击任务,无人机配载合成孔径雷达(SAR)、光电/红外、ESM等不同传感器和机载武器,将无人机作为有人机扩展的传感器和武器舱。有人机根据战场信息进行任务区分和目标分配,并将攻击指令发送给无人机,无人机接收攻击指令后,根据指令确定攻击目标,对目标实施攻击,并向有人机实时反馈攻击效果,如图1-5所示。

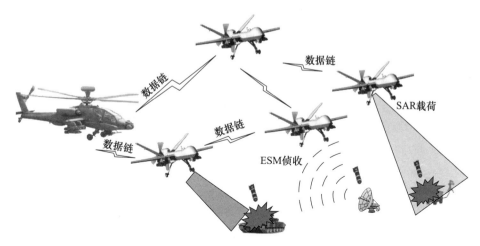

图 1-5　有人机与无人机协同攻击示意图

三是中继制导。无人机作为空中平台为有人机或其他精确制导武器进行中继制导,战场中有人机处于敌防区外安全位置,无人机前出抵近侦察,直接获取目标信息,并将其传送给有人机,有人机适时发射远程制导武器;当有人机发射的导弹进入无人机控制范围时,无人机接管对导弹进行终段制导,实时更新目标数据信息,提高打击效能,如图 1-6 所示。

图 1-6　无人机制导中继示意图

3)协同防御作战

有人机/无人机协同防御的最大优势在于提高了威胁告警能力。多机编队进行机载告警设备组网,对来袭导弹等威胁目标协同告警,以增强对威胁目标来袭方向、威胁程度的告警准确性。传统的单平台装备的干扰设备数量、功能有限,难以同时在时域、频域、空域,以及信号波形等方面对敌威胁源进行持续稳定的有效干扰,而有人机/无人机协同多机编队进行机载有源和无源电子干扰设备组网,可以实现协同防御,如图1-7所示。

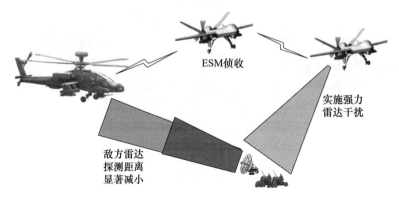

图1-7 无人机协同防御示意图

在实施有源电子干扰时,编队各成员之间可进行干扰区域、干扰目标、干扰时机、干扰样式、干扰参数、干扰功率等协同。在实施无源电子干扰时,编队各成员之间进行干扰物类型、干扰物投放时机、干扰物投放数量、干扰物投放时间间隔等协同。

1.1.2 直升机/无人机武器协同

直升机作为活动在低空、超低空空间的主要飞行器,具有可以垂直起降不受场地限制、能空中悬停、可以利用地物遮挡贴地隐蔽飞行等显著特点,与无人机相比,直升机可以充分发挥人的智慧和综合判断能力,具有应急决断能力强、灵活机动性能好等优势。在无人机智能决策技术还不是很成熟的情况下,采用直升机/无人机协同作战的方式执行作战任务,不失为当下一种稳妥有效的作战样式。直升机/无人机协同作战,一方面可以充分利用无人机的优势,在高危环境下取代直升机实施作战任务,消除直升机飞行员执行任务带来的生命风险;另一方面可以充分利用直升机飞行员的智慧和综合判断能力,排除干扰,在复杂条件下指挥和协调无人机完成作战任务。

1.1.2.1 基本概念

直升机/无人机武器协同是指直升机、无人机在协同作战过程中,通过机载武器的协同配合以有效地摧毁目标的过程。图1-8为美国"阿帕奇"直升机与"灰鹰"无人机之间的协同作战样式,"灰鹰"无人机将探测到的目标信息通过数据链传输给"阿帕奇"直升机,"阿帕奇"直升机控制"灰鹰"无人机发射地狱火导弹对目标实施攻击,并为地狱火导弹指示目标。

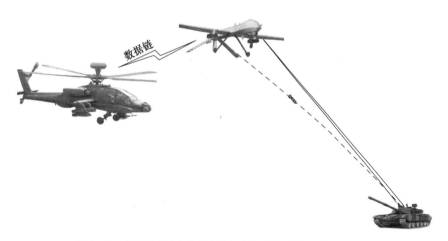

图1-8 "阿帕奇"直升机与"灰鹰"无人机协同作战示意图

1.1.2.2 主要优势

直升机/无人机武器协同可以弥补直升机、无人机各自的使用缺陷,使整体作战效能得到有效提升。

1) 提升装备体系作战能力

现代装备体系是以有人及无人、地面及空中多种作战平台组成的、运行于一体化平台之上的、具有"网络中心战"能力的复杂系统,包括侦察预警系统、指挥控制系统、火力打击系统、信息对抗系统、机动突击系统、全维防护系统、综合保障系统以及一体化通用作战环境等。装备体系建设重在提升一体化情报获取与侦察能力、一体化指挥与控制能力、快速机动能力、精确打击能力、支援与持续作战能力和可靠防护能力。直升机/无人机协同作战是实现装备之间互联互通、信息共享,提高一体化作战能力的重要方式之一。直升机充当体系中的通信节点,将协同作战嵌入整个作战装备体系,实现战场信息共享、可用资源统一调度和作战任务综合管理,有效提升体系作战能力。

2) 提高空中装备作战效能

有人直升机具有起降灵活、悬停、精确打击等特点,但易受地面隐蔽目标攻击。无人机具有高升限、远距离、长航时、高效费比、零人员伤亡等特点,但智能系统还不能替代人的思维与判断。直升机/无人机协同作战通过实时高效的数据链,充分发挥人的决策优势和无人机的特点,将各自的效能发挥到最大,协同完成目标探测与识别、态势评估、战术决策与任务规划、武器发射与制导以及作战毁伤效果评估。在此模式下,利用无人机的战场态势感知和目标打击能力,直升机可以扩大攻击范围,通过直升机的战术决策,无人机可充分利用自身机动灵活的优势,提高空中装备作战效能。

3) 提升直升机战场生存能力

现代作战体系是"人－机－战术－技术"一体化对抗协同体系，人是该协同体系的聚焦中心，减轻人的工作负荷，降低人的安全风险能为作战体系提供持续战斗力。直升机/无人机协同作战，在执行直升机/无人机编队空中突防任务过程中，直升机可以处于后方，指挥控制无人机前出开辟空中安全走廊，降低有人直升机安全风险；在执行直升机/无人机协同攻击任务过程中，直升机可以位于敌防空火力打击范围外，指挥控制无人机前出进入敌防空火力圈，执行战场侦察、目标打击、欺骗诱惑等作战任务，降低有人直升机的作战风险，大幅提升直升机的战场生存能力。

1.2　直升机/无人机武器协同关键技术

根据直升机、无人机各自的特点及运用方式，直升机/无人机武器协同需要重点解决以下几项关键技术：

1) 直升机/无人机武器协同体系架构及任务流程

直升机/无人机武器协同作为直升机/无人机协同作战的重要模式，对其体系架构及任务流程的研究是有效实施武器协同作战任务的基础和根本保证。其中涉及对直升机/无人机武器协同体系架构、直升机/无人机武器协同作战形式、直升机/无人机武器协同作战流程和指挥控制结构等多个方面问题的研究。系统把握直升机/无人机武器协同体系架构及任务流程，能为进一步深入分析具体的技术提供清晰的研究思路。

2) 直升机/无人机武器协同信息传输技术

武器协同数据链路是保证直升机/无人机武器协同得以顺利进行的关键，直升机/无人机武器协同信息传输涉及信息传输协议、信息传输内容、信道编码、数字调制、多址接入等多方面问题。这些问题多属于无线通信领域的核心问题，对这些问题进行深入的研究，将对直升机/无人机武器协同的正常进行起到重要支撑作用。

3) 直升机/无人机武器协同态势感知技术

战场态势的先期侦察直接影响了作战任务的顺利执行，而协同态势感知是未来战场信息获取手段的发展方向。直升机/无人机武器协同态势感知技术主要涵盖协同搜索、协同跟踪、协同数据融合等多项前沿技术。随着这些前沿技术的逐渐突破，未来战争模式也必将迎来颠覆性的变革。

4) 直升机/无人机武器协同任务规划技术

协同任务规划是广泛用于现代信息化作战的重要概念，是指根据作战任务要求、战场环境和态势、敌我双方作战体系配置、作战装备的战技指标等信息，按照一定的规划模型和指标,为己方战斗单元的作战过程、行动路线、战术行为等进行事先的筹划和设计,使己方的整体作战效能达到最佳的一种决策与规划手段。其关键技术主要包括任务分配技术、协同航路规划技术、协同攻击决策技术等。协同任务规划技术是直升机/无人机武器协同技术未来发展中的一个重要研究方向。

5)直升机/无人机武器协同攻击技术

协同攻击是直升机/无人机武器协同的根本目的。根据直升机和无人机的运用特点,采用制导武器对目标实施摧毁打击仍将是直升机/无人机武器协同的主要攻击方式。该技术主要针对协同攻击制导、制导武器运用、协同攻击模式等多个方面问题进行研究,相关的研究成果也是直接指导武器使用的重要依据。

1.3 直升机/无人机武器协同发展及典型应用

直升机/无人机协同作战起源于有人-无人组合(MUM-T)思想。MUM-T这一概念最早起源于20世纪60年代后期,是指有人与无人系统之间为实现共同目标而建立起联系,用于描述平台互用性和共享资产控制以实现共同的作战任务目标。鉴于有人机/无人机编队作战的应用前景,美、英、俄等国从20世纪末就竞相开展有人机/无人机协同作战研究计划,已通过实验室作战概念及效能仿真、有人机/无人机协同试飞验证、大规模有人/无人系统集成能力演习等方式,探索有人空中平台对无人机进行协同控制的可行性、有效性和实用性。

1.3.1 直升机/无人机武器协同发展历程

直升机与无人机混合编队协同作战是一种全新的作战模式,将对未来的作战方式产生深刻的影响。美国陆军将直升机与无人机协同作战作为一个重点验证项目,已进行了数次协同作战的演示验证和演习,包括"阿帕奇""基奥瓦勇士"等直升机与无人机的协同,协同的等级不断提升。美国海军也提出组建"海鹰"直升机与火力侦察兵无人机的混合编队,旨在实现人与武器更高程度的融合。

1996年,美国陆军启动了机载有人/无人系统技术(AMUST)演示验证。AMUST计划的主要目的是开发可以使有人系统与各种无人机系统编队所需的技术。初期主要进行功能需求定义、关键技术分析和试验验证,各项工作都基于仿真环境。1999年,AMUST办公室与波音公司、TRW公司联合使用AH-64D"阿帕奇"直升机和"猎人"无人机进行了名为AMUST-Baseline的演示验证,实现了无人机侦察视频图像在直升机多个目标显示器上显示,并且直升机机组人员可操控无人机及其传感器组。2000年,AMUST办公室启动了AMUST-Effort,重点验证指挥控制飞机、直升机与无人机之间的互连互通,并开发和综合了各种直接视频/数据接收、直接载荷控制以及直接飞行控制等相关的有人/无人系统编队技术。

2006年,陆军开展了猎人远距杀手小组(HSKT)演示验证,HSKT旨在用无人侦察机与有人武装直升机构成作战编队,代替原来的有人侦察直升机与有人武装直升机的作战编队,验证一种新的作战模式,提高美国陆军航空兵的作战能力。演示中,AH-64D"阿帕奇"直升机完成了以四级协同等级控制一架RQ-5B猎人无人机,"阿帕奇"用猎人的光电载荷为它自己的"海尔法"导弹提供激光照射。同年,陆军航空应用技术委员会成功地将一部包括无人机控制、Link-16以及其他数据链的机动指挥官助手(MCA)综合到陆军机载C2系统中。该综合使得UH-60"黑鹰"直升机内的机载C2系统操作员首次控制一架猎人无人机及其传感器,同时传送和接收攻击机(如F/A-18)与侦察机(如JSTARS)之间的飞行战术信息。

2008年,美军对伊拉克战场上部署的"阿帕奇"Block Ⅱ直升机进行了无人机系统2级互操作组队视频(VUIT-2)数据链组件能力升级,VUIT-2数据链组件在阿帕奇与无人机系统的地面指挥控制站之间建立互联。

2009年6月,"阿帕奇"Block Ⅲ直升机在飞行测试中再次成功演示了四级操控能力。测试中,"阿帕奇"通过TCDL控制无人机以3种模式飞行(轨道飞行、环形飞行、8字轨迹飞行),并改变其航速和高度。

2011年11月,一架"阿帕奇"直升机换装了UTA数据链组件,UTA被完全综合到"阿帕奇"的任务计算机内。演示实现了首次在"阿帕奇"上对无人机进行空中控制,"阿帕奇"利用UTA对一架MQ-1C"灰鹰"无人机的载荷和飞行路径实施控制,且控制过程中2架飞机都处于飞行状态。

2012年,美国海军将直升机海上攻击第35中队改编为直升机和无人机组成的混合飞行中队。

此外,在美国陆军的RAH-66"科曼奇"直升机项目中,原本也有与无人机协同作战的计划,计划中,RAH-66"科曼奇"直升机与无人机协同作战的体系计划主要划分为两个阶段:第一阶段,实现在直升机上能够接收无人机的所有相关信息;第二阶段,通过战术通用数据链(TCDL),"科曼奇"直升机驾驶员实现对无人机的实时控制,从而实现协同作战的目的。按照美国陆军的设想,一架"科曼奇"直升机将与两架无人机协同作战,但由于美国陆军于2004年2月23日宣布取消生产科曼奇,协同作战的设想也随之中止。但这并没有影响直升机与无人机协同的步伐,尤其是阿富汗战争与伊拉克战争的经验促使了陆军继续推进"阿帕奇"直升机、"基奥瓦勇士"直升机等与无人机的协同作战,并且不断提高协同级别。

直升机与无人机协同作战如图1-9所示。

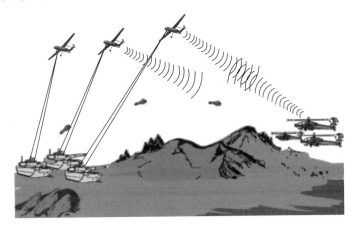

图1-9 直升机与无人机协同作战示意图

1.3.2 直升机/无人机武器协同典型应用

美国陆军使用"阿帕奇"直升机发射"海尔法"导弹,利用RQ-5"猎人"无人机进行空中目标指示,为"海尔法"导弹的攻击提供目标识别、网络位置和激光指示,具体案例如下:

(1)飞行过程中,"猎人"无人机组发现并识别目标(向美军部队开火的叛乱分子迫击炮)。

(2)地面指挥官(拥有相应级别的批准权限)命令与目标交战。

(3)"猎人"无人机组向"阿帕奇"直升机传送目标信息、激光编码和激光目标线信息,并机动到指示目标的最佳位置。

(4)推荐的最大高度配置层为2000英尺,盘旋飞行范围为5km×3km。

(5)"猎人"无人机组确定激光瞄准线,以提供尽可能长的激光指示时间。

(6)"阿帕奇"直升机机动就位,报告准备射击。"阿帕奇"直升机需确保"猎人"无人机在其任意一侧的60°范围内,但在"海尔法"导弹的禁区外(最佳角度为45°)。

(7)地面指挥官下令开火(交战前的任何时刻)。

(8)"猎人"无人机确保正确地指示目标并引导直升机开火。

(9)"阿帕奇"直升机开火,导弹离轨,猎人无人机为导弹指示目标。

(10)导弹命中目标后,"猎人"无人机对打击效果进行评估。

目标指示协同打击示意图如图1-10~图1-12所示。

图1-10 "阿帕奇"直升机与"猎人"无人机协同作战示意图Ⅰ

图1-11 "阿帕奇"直升机与"猎人"无人机协同作战示意图Ⅱ

图1-12 "阿帕奇"直升机与"猎人"无人机协同作战示意图Ⅲ

第 2 章　直升机/无人机武器协同体系架构及任务流程

现代战争是体系与体系之间的对抗。直升机/无人机武器协同除了要强调直升机、无人机这两种作战主体,还要重点研究围绕其建立的整套协同体系及运用流程。本章从直升机/无人机武器协同体系架构入手,着重介绍武器协同任务中的构成要素和功能划分,进而梳理武器协同的主要作战形式,最后介绍 OODA 指挥控制模型,以及直升机/无人机武器协同的作战任务流程。

2.1　直升机/无人机武器协同体系架构

在直升机/无人机协同作战过程中,首先要明确系统中直升机与无人机自主控制以及自主攻击间的功能划分,即确定人机功能分配问题。最大限度发挥无人机的自主作战能力和充分发挥编队系统中有人机指挥员的作用,达到最佳系统平衡和统一协调指挥,如何确定直升机/无人机协同作战系统的体系结构和功能划分是直升机/无人机协同作战系统必须深入研究的问题。在实现直升机/无人机协同作战过程中,直升机充当了编队系统指挥员角色,无人机系统则采用新战术、新技术和新方法改变了当前的作战空间,不仅提供了持久的情报、监视和侦察能力,还提供了精确和及时的直接或间接火力。

2.1.1　构成要素

直升机/无人机协同作战,其协同层级不同其作战编成也有所不同。一般情况下,直升机/无人机协同作战系统包括 1 架直升机、2~3 架无人机、无人机任务规划与监控系统、通信数据链路系统以及战场指挥控制系统。

2.1.2　功能划分

直升机/无人机协同作战系统构成如图 2-1 所示。

2.1.2.1　无人机系统

无人机系统对指定作战区域侦察、监视、目标探测和目标跟踪;将获取的战场态势和目标信息传送给直升机,同时接收直升机的控制指令;对目标的攻击任务管理,包括自主导航、攻击瞄准解算、攻击操纵指令解算、武器准备和攻击参数解算等;对所携带武器实施管理和发射控制以及对发射武器进行指挥引导。

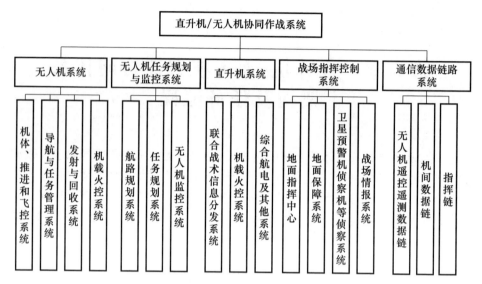

图 2-1 直升机/无人机协同作战系统构成

2.1.2.2 无人机任务规划与监控系统

无人机任务规划与监控系统对无人机进行航路规划、任务规划、信息处理、状态监控和操作控制等工作。根据协同层级不同，任务规划与监控系统可以配置在无人机地面控制站上，也可以配置在直升机中。

2.1.2.3 直升机系统

直升机系统进行实时进行任务规划，包括协同态势评估、任务分工及目标分配等工作；联合战术信息分发系统确保直升机与战场指挥控制系统间的信息共享，包括战场指挥控制系统向直升机/无人机编队发送指挥控制信息及其他战场信息。

2.1.2.4 战场指挥控制系统

战场指挥控制系统综合战场多方信息资源，对参战直升机、无人机和其他作战单元进行统一调度指挥。

2.1.2.5 通信数据链路系统

通信数据链路系统包括无人机任务规划和监控系统与无人机之间的遥控遥测数据链，直升机与无人机、无人机与无人机、直升机与无人机地面控制站之间的机间数据链，以及战场指挥控制系统与直升机、无人机、无人机地面控制站之间的指挥链，确保链路畅通信息可靠传输。

2.2　直升机/无人机武器协同作战形式

直升机/无人机武器协同是直升机/无人机协同作战样式的一种，是指直升机/无人机在协同作战过程中,通过机载武器的协同配合以有效地摧毁目标的过程,主要包括点目标精确式协同打击、大型目标饱和式协同打击和多目标分散式协同打击等方式。

2.2.1 点目标精确式协同打击

点目标精确式协同打击通常又可称作它机制导式武器协同攻击,主要是针对直升机载激光半主动式制导导弹而建立的一种直升机/无人机武器协同方式。武装直升机机载空地导弹大多采用激光半主动式制导体制,如美军"阿帕奇"直升机上挂载的"海尔法"空地导弹。对于激光半主动式制导导弹,其发射方式主要有三种,即本机照射本机打击、它机照射本机打击、地面照射本机打击。前两种方式对照射直升机的安全威胁较大,第三种方式对前出实施地面照射人员的人身安全威胁较大,且在某些特殊环境下无法实施(如海上)。采用直升机攻击、无人机照射的直升机/无人机协同作战的方式,既可以保证人员安全,又可以兼顾打击效果。

对于直升机/无人机协同作战而言,它机制导式武器协同方式是指通过战场指挥控制系统、直升机、无人机之间的信息共享,在直升机的统一指挥控制下,由直升机发射激光半主动式制导导弹对目标发起攻击,由无人机实施激光照射为导弹指示目标的协同作战方式。图2-2所示为"阿帕奇"直升机和"猎人"无人机之间的它机制导式武器协同攻击。

图2-2 "阿帕奇"直升机与"猎人"无人机之间的它机制导式武器协同攻击

在进行他机制导式武器协同攻击过程中,直升机无人机要进行目标交接、位置信息交换、攻击区解算、安全区解算、照射时机解算等工作。

2.2.2 大型目标饱和式协同打击

"饱和攻击"是苏联海军总司令戈尔什科夫元帅在美苏争霸时期,研究使用反舰导弹打击美国海军航母战斗群时制订的一种战术,即利用水面舰艇、潜艇和作战飞机等携带反舰导弹,采用大密度、连续攻击的突防方式,同时在短时间内,从空中、水面和水下不同方向、不同层次向同一目标发射超出其抗击能力的导弹,使敌航母编队的海上防空系统的反导弹抗击能力在短时间内处于无法应付的饱和状态,以达到提高反舰导弹突防概率和摧毁目标的目的。

在当今,由于各种海基和陆基的防空反导武器系统的兴起,传统的导弹攻击战术威胁遭受极大的削弱,各国军方纷纷发展强调短时间火力密度的新型武器平台和指挥系统。饱和攻击已经成为一种新的全军种常规战术,主要是使用大量导弹袭击目标,这种战术也使导弹在实战应用中发挥了非常大的作用。

"饱和攻击"战术通常是指在一定的时间内,利用绝对的火力优势,高密度、不间断地发射数倍于敌方防空系统处理通道数量的导弹和其他制导投放武器,对敌方重要目标进行攻击,以压迫敌方防空系统多目标处理能力,进而使敌方有限的对空防御火力通道"撑不下",防御体系难以支撑,达成突破敌方防空火力网、命中目标、造成毁灭性打击的战略战术目的。以数量的优势弥补质量的劣势,或利用数量的优势形成绝对的火力密度,用绝对的优势火力打击对方。

利用"饱和攻击"战术可以使原本相对落后的武器系统,作战效率得到极大提高,使原本先进的武器系统,作战性能发挥得更大;但是由于使用饱和攻击战术,需要足够的火力投放平台、充足的武器备弹基数,更为重要的是需要具备一套多武器系统之间的协作指挥机制和系统。

直升机/无人机多机编队协同作战,可以充分发挥直升机的协调指挥能力,控制多个无人机火力平台,对敌大型目标发起饱和式武器协同攻击。对于直升机/无人机协同作战而言,大型目标饱和式武器协同攻击是指通过战场指挥控制系统、直升机、无人机之间的信息共享,在直升机的统一指挥控制下,利用挂装在直升机和无人机上的采用不同制导方式,具有不同射程、不同飞行高度和速度的各种制导武器,全方位、多数量同时对同一大型目标(如舰船、航空母舰等)发起攻击,达到瞬间摧毁目标目的的协同作战方式。

在对大型目标进行饱和式武器协同攻击过程中,直升机作为指挥员要根据目标的结构、材质、防空火力配置等因素,完成编队内无人机最佳攻击占位解算与控制、攻击武器类型及数量解算与配置、攻击任务分配、攻击指令下达、攻击效果评估等工作,这些工作单靠直升机飞行员是无法在短时间内完成的,这就涉及智能决策技术,依靠智能决策技术可以将大量工作交给计算机完成,而减轻人的负担。大型目标饱和式武器协同攻击方式如图2-3所示。

图 2-3 大型目标饱和式武器协同攻击

2.2.3 多目标分散式协同打击

多机协同多目标攻击是空军战机编队协同作战中经常用到的作战方式,是指通过地面、空中预警指挥系统及友机之间的信息支援,进行态势通报、空域分配、目标分配等,使作战机群飞机之间能够相互协调地进行各自的目标攻击,提高机群的作战效能。

对于直升机/无人机协同作战而言,多目标分散式武器协同攻击是指通过战场指挥控制系统、直升机、无人机之间的信息共享,在直升机的统一指挥控制下,根据集群目标的特性,进行空域分配、目标分配和攻击排序,使各作战单元之间能够相互协调地进行各自的目标攻击,提高作战效能的协同作战方式。多目标分散式武器协同攻击方式如图 2-4 所示。

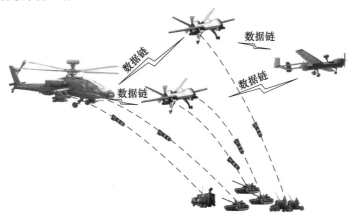

图 2-4 多目标分散式武器协同攻击

在对多目标进行分散式武器协同攻击过程中,目标分配是一个非常重要的环节,合理的目标分配是最大程度消灭敌人,保存自己,充分发挥己方武器作战效能的基础,涉及协同目标分配算法的运用。

2.3 基于 OODA 模型的直升机/无人机武器协同作战流程

2.3.1 OODA 指挥控制模型

从国外研究情况来看,高层级的直升机/无人机协同控制是一个十分复杂的问题,它具有系统的复杂性、决策信息分布性和控制过程的高度实时性 3 个特点,涉及无人机平台的自主控制、信息通信、人机交互和动态反馈等多方面内容。目前国内对直升机/无人机协同控制的研究尚处于探索阶段,经典的"观测 - 评估 - 决策 - 行动"的决策控制模型或称为 OODA(Observe,Orient,Decide,Act)指挥控制环由美国上校 John R. Boyd 提出,广泛应用于指挥控制、决策分析领域,如图 2-5 所示。

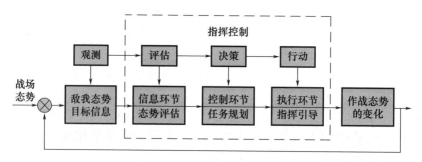

图 2-5 直升机/无人机指挥控制模型(OODA 模型)

OODA 循环以嵌套的形式关联,基于 OODA 环的角度而言,直升机/无人机协同作战中,最小的 OODA 循环是 1 架直升机和 1 架无人机组成的协同作战闭环控制系统。对应于 OODA 控制环节,直升机主要完成观测、评估和决策 3 个环节,而无人机则主要完成行动环节。观测是指直升机获取战场态势信息和目标信息(包括通过自身传感器获取和通过无人机传感器获取两种方式),评估是通过对获取的信息进行处理完成战场态势评估,决策是指根据评估结果完成任务规划,行动是指无人机根据直升机的指挥引导执行任务过程。这种循环类似于非线性的反馈控制系统的控制流程,流程主要包括 3 个功能环节:信息环节、控制环节和执行环节,统称为指挥控制环节。

在 1 架直升机和多架无人机组成的协同作战系统中,直升机要同时控制空中的多架无人机,保证多无人机之间时间、空间上的高度协同,这对直升机的指挥控制提出了极高的要求。为了降低直升机的指挥控制难度和飞行员的指挥压力,可在无人机上装备一套信息交联设备,使多无人机之间保持一定的交互性和协作性,使无人机能自主地避免类似碰撞、误攻击等非战斗损失。同时直升机机载无人机控制系统需具备简明优化的人机接口、智能的实时任务规划和控制能力,为操作员提供容易理解的战场态势、完整精确的目标信息、可简化操作的决策辅助提示、自动的控制指令转译等。

2.3.2 直升机/无人机武器协同作战任务流程

未来高烈度的战场环境使得单独使用直升机或无人机执行任务都会存在极大的局限,而使用直升机/无人机协同作战则能通过优势互补极大地提高作战效能。本节以直升机与无人机协同搜索打击为例,说明直升机与无人机武器协同作战任务流程。

2.3.2.1 直升机/无人机武器协同作战任务想定

假设我方任务编队对敌方某区域进行目标搜索与打击,该地区有一定的防空火力,对打击力量构成一定的威胁。为此,我方派出直升机和无人机构成协同任务编队,对该地区目标实施侦察搜索,并视情清除其防空火力。计划派遣1架直升机指挥2架无人机完成此任务。

在直升机指挥下,无人机编队飞向指定任务空域,直升机以安全距离跟随飞行。无人机进入任务区域后,将侦察情报实时反馈给直升机进行评估,直升机决定是否实施打击任务。整个任务完成后,直升机发出指令控制无人机返航。

2.3.2.2 直升机/无人机武器协同作战任务流程

根据直升机与无人机协同过程的特点,将任务过程分为起始飞行、集结组网、执行任务、返回降落四个阶段。直升机始终处于指挥模式,向无人机传递战场态势信息供无人机自主决策,或者直接向无人机给出指令。当任务超出无人机的能力时,直升机会进入作战模式,直接加入任务。直升机/无人机武器协同作战任务流程的各个阶段如图2-6所示。

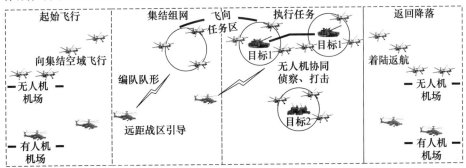

图2-6 直升机/无人机武器协同作战任务流程示意图

(1) 起始飞行段。直升机和无人机根据指挥中心的指令,从各自机场起飞,向集结空域飞行。无人机在起飞前将装订地面任务/路径预规划数据。任务规划系统根据预先情报、任务计划,由任务规划人员根据初始任务和威胁数据库,对直升机与多架无人机进行任务路径的预规划,向其装订预编程的路径信息、目标信息和初始的目标瞄准信息等。

(2) 机群集结组网段。无人机根据任务规划和直升机的指挥完成组网集结。无人机调整巡航速度和飞行方向,形成巡航构型,并通过自身通信载荷和卫星通信数据链路组成局部的控制与感知信息共享移动网络,进行无人机机群组网。待组网完成后,机群以编队巡航速度向目标区域靠近。在该阶段直升机需要对无人机进行远距引导,引导必须综合考虑各种因素,包括联合编队的基本战术要求,同时也应考虑地面威胁场的布置、燃油最省及时间最短等因素。

(3) 执行任务段。无人机在任务区遂行侦察搜索、目标跟踪与识别、攻击等任务。同时,无人机将侦察信息传送给直升机,由飞行员进行评估决策,无人机根据飞行员的指令实施引导或攻击。在此过程中,无人机需具备针对具体任务的自主协同导航能力,这是无人机的协同飞行决策问题。

(4) 返回降落段。无人机完成任务之后,执行返航和着陆。

在以上四个阶段中,机群与指挥控制中心、机群内部需要具备一定的通信能力,以进行信息交互。飞控系统必须能够保证无人机有效执行机动指令。直升机全程都需要进行战场信息综合处理,对所控无人机及指挥信息系统传送的大量实时战场信息进行综合处理,形成对战场态势的实时、综合的评估,为无人机群的战术决策提供依据。

2.3.2.3 直升机/无人机武器协同作战指挥控制结构

根据直升机/无人机武器协同作战任务控制的要求和交互过程的特点,采用语音控制是目前实现人－机协同指挥的重要手段。采用基于自然语言方式的人－机交互接口,可以确保直升机和无人机之间的有效通信,减少人－机交互过程中人的负担。据此,设计直升机/无人机武器协同作战指挥控制结构如图 2－7 所示。直升机/无人机武器协同作战指挥控制的基本信息流程应是:直升机飞行员通过语音发出对无人机的控制指令,在自然语言理解指令集的基础上,控制指令通过人机交互界面完成从自然语言到机器语言的转化,无人机通过通信链路接收到通过编码和转换的指令后,自主进行航迹规划,并控制载荷的使用,同时回传应答信息。

人－机交互接口模块包括四个主要部分,即人－机交互界面、语音识别模块、文本命令理解模块以及任务指令编码模块。人－机交互界面为直升机飞行员提供有效的语音命令、文本命令输入和无人机响应信息,以及状态信息的图形化输出显示;语音识别模块将语音命令识别为文本命令;文本命令理解模块对文本命令进行分析和理解,提取该命令的关键任务数据;任务指令编码模块将任务数据转换为无人机可执行的特定任务指令。实现图2-7所示的协同指挥控制结构需要3个条件：

（1）人-机交互接口采用自然语言交互方式。通过有效的人-机交互界面、语音识别和文本命令理解模块，接收、理解和识别直升机飞行员的语音命令，提取关键任务参数，将其转化为无人机能够识别的任务指令，反之亦然。自然语言交互可降低飞行员的工作负担，提高协同的任务效能。

（2）通信链路必须保证指挥信息流畅。链路通信接口实现任务指令、平台状态等信息的数据链格式转换，使所有信息按照数据链报文格式传输。任务管理和调度模块解析任务指令，形成无人机能够执行的任务模式集合，并根据自身情况和任务要求对任务模式进行管理和调度。

（3）无人机需要具备实时任务规划与决策能力。无人机平台的实时路径决策和航路规划模块能够根据当前待执行的任务模式、战场态势和感知信息，引导无人机从一个任务位置运动到另一个任务位置。

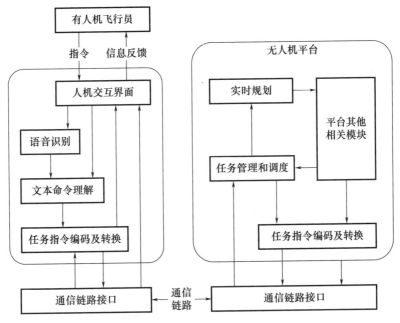

图2-7 直升机/无人机武器协同作战指挥控制结构示意图

第3章 直升机/无人机武器协同信息传输技术

直升机/无人机武器协同信息传输技术主要依赖于直升机/无人机武器协同数据链,它是实现直升机无人机协同的重要组件,其主要功能是实现空中直升机和无人机间的火力、协同信息交互及武器控制,依靠无人机高空、隐身优势抵近侦察,从第三者角度在更大范围内挫败敌地面伪装,实现与有人机的协同探测、协同攻击,提高打击效能和直升机的生存率。本章在对武器协同数据链的特征和发展进行分析的基础上,重点对直升机/无人机武器协同数据链技术进行介绍。

3.1 基本概念

3.1.1 武器协同数据链

武器协同数据链(Weapon Cooperative Data Link,WCDL)利用高速无线传输网络,将战场上各作战平台的传感器系统、武器系统紧密"铰链",通过一定的信息处理技术使网内各平台获得一致的战场整体态势,并通过管理、控制技术共享彼此的传感器资源和武器资源,最终实现高效的多平台协同火力打击能力。武器协同数据链处于网络中心战体系中的第一级,是目标作战直接相关的最前沿网络,直接关系到作战效能。图3-1为网络中心战的体系结构,从图中看出,其可以分为三级:第一级为战术级,第二级为战区级,第三级为战略级。

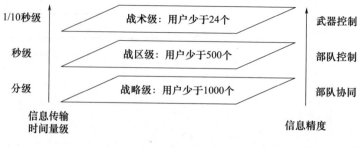

图3-1 网络中心战三级体系结构

3.1.2 直升机/无人机武器协同数据链的功用

直升机/无人机武器协同数据链的主要任务是建立一个空-空双向数据传输链路,完成直升机对无人机传感器的遥控、遥测和任务信息的传输。直升机/无人机武器协同数据链在功能上主要包括用于传输直升机对无人机传感器控制指令的上行数据链路和用于接收无人机下传数据的下行数据链路。具体地说,通常具有以下功能:

(1) 通过上行数据链路向无人机传送传感器控制指令;
(2) 通过下行数据链路向直升机传送无人机状态数据;
(3) 通过下行数据链路向直升机传送无人机任务载荷的侦察数据。

武器协同数据链的上行数据链路一般带宽较小,需要传送的上行信息包括任务控制指令和链路控制指令等。对于上行信息来说,发送的实时性要求很高,无论直升机何时请求发送命令,上行链路必须保证随时能够传送。上行信息通常由直升机武器协同终端发送至无人机,再由无人机武器协同终端接收、解调出上行信息后,送任务控制计算机执行。

下行数据链路通常会提供两类传输通道。一个是用于向直升机传递当前的飞行信息及机载设备工作状态等信息的遥测通道。遥测信道需要的带宽较小,但实时性要求较高。另一个是用于向直升机传输任务载荷获得的侦察信息,也可称为遥感通道,该通道需要传送的数据量大,往往包括大量的视频数据流,所以需要的带宽较高,但实时性要求较低。由于任务数据量通常较大,所以原始的任务载荷数据一般先要经过压缩,再与无人机的遥测数据复接,形成下行侦察和遥测数据,再通过机载武器协同终端发送给直升机。直升机武器协同终端对接收到的下行信号进行解调,并将解调出的下行侦察和遥测信息送直升机任务处理计算机进行处理、显示和记录。需要指出的是,对于某些机型来说,下行数据链路中的遥感通道并不是必需的,这主要由该机型的任务职能决定,因此为节省链路负担,武器协同终端的下行数据链路也可只具备遥测通道。

3.1.3 直升机/无人机武器协同数据链的需求特征

直升机/无人机武器协同数据链主要具有以下4个需求特征:

1. 高带宽与低时延

直升机/无人机武器协同数据链是一种高带宽、低延迟的通信链路。在现代战争中,机间数据链传递的信息主要是目标的瞬时信息、武器配置等数据,还有部分图像等数据量较大的信息。目标、武器配置等数据量不大,信息对时延很敏感,特别是对动目标协同攻击时,由于目标机动能力很强,其位置、运行轨迹等信息的时间敏感度在秒级以下,为获得小时延以及数据高速传输,必须采用足够大的带宽及有效的编码方式，以便在短时间内传递更多数据。

2. 高保密性

直升机与无人机之间通信的保密性主要指抗截获与抗干扰特性。只有在通信过程中具备低检测概率和低截获概率，直升机与无人机之间通信不被敌方探测并且干扰到，才能保障自身的安全与进攻的有效性。

3. 高可靠性

在保证作战信息实时传输的前提下，直升机与无人机之间通信还应保证信息传输的可靠性。数据链系统主要通过无线信道来传输信息数据。在无线信道上，信号传输过程中存在着各种衰落现象，严重影响信号的正常接收。在语音通信时，收信人员可以借助听觉判断力，从被干扰的信号中正确识别信息。对于数据通信来说，接收的数据中将存在一定程度的误码。数据链系统应采用先进、高效和高性能的纠错编码技术降低数据传输的误码率。

4. 灵活组网能力

战场环境瞬息万变，因此直升机无人机武器协同数据链必须具备灵活的空中组网能力。由于直升机无人机之间相对位置的改变使原有的网络拓扑发生变化，如网络中心节点的位置发生改变后的角色替换，这种情况下必须更新网络拓扑以适应新的位置关系，因此机间数据链必须能够快速而且频繁地做出改变。

3.2　武器协同数据信息的传输

3.2.1　数据信息传输协议

信息传输协议是指规定直升机、无人机为实现信息共享所必须遵循的规则和约定。通过武器协同数据链连接起来的两个或多个不同地理位置的直升机、无人机，要使其协同工作实现信息交换和资源共享，它们之间必须具有共同的语言。交流什么、怎样交流及何时交流，都必须遵循某种互相都能接受的规则，这个规则就是信息传输协议。

信息传输协议主要由以下3个要素组成：

（1）语法，即如何通信，包括数据的格式、编码和信号等级（电平的高低）等。

（2）语义，即通信内容，包括数据内容、含义以及控制信息等。

（3）定时规则（时序），即何时通信，明确通信的顺序、速率和排序。

通常情况下，直升机、无人机之间采用不同长度数据帧的形式来实现武器协同信息传输。每个数据帧都由帧头、有效数据、数据校验和帧尾组成。帧头、帧尾明确了数据的起始和结束，有效数据中明确有一组或多组数据类型、数据长度、数据内容和数据有效标示,数据校验是对整帧数据传输的准确性进行验证,分奇校验和偶校验两种。

数据帧又分周期型数据帧和响应型数据帧。周期型数据帧是指周期性传输的数据帧,即每间隔一定时间交互一次的数据帧,通常用来传输需要实时更新的数据类型,如直升机位置信息、无人机位置信息等。响应型数据帧是指有事件发生时才传输的数据帧,通常用来传输事件响应型的数据类型,如攻击计划等。

还有一种数据类型属于事件响应型数据,但是事件一旦发生,需要周期性传输,如目标请求(目标请求这个事件一旦发生,需要实时传输目标位置信息)。这种数据类型通常放在周期型数据帧里,随周期型数据帧传输,通过数据有效标示位来区分事件是否发生,如:当数据有效标示位为 0 时,表示事件没有发生,相应的数据内容无效;当数据有效标示位为 1 时,表示事件已经发生,相应的数据内容为有效数据。

3.2.2 数据信息传输信道

各种数据链通常以无线电传输信道为主。在无线电信道中,信号是以电磁波的形式传输的,不同频段的传输信道具有不同的信道特征,对电磁波的传输性能有不同的影响,要实现信息的有效传输,数据链应选择适当的信道以满足战术信息传输的需求。当前数据链系统信息传输的信道主要有短波信道、超短波信道和微波信道,直升机/无人机自动目标交接系统采用超短波电台进行通信。

3.2.2.1 超短波信道信息传输特点

1) 以视距传播方式为主

电离层对电波的反射频率存在理论上限值,即天波通信中的最大可用频率。频率在 30MHz 以上的超短波频段(包括微波频段)无线电波已超出电离层反射的最大可用频率。与短波、中波和长波相比,超短波频段频率较高,在大地中所感应的电流远大于短波、中波和长波感应电流,信号能量由于被地表面大量吸收而沿地面传播路径迅速衰减,传播距离非常有限,不宜采用地波传播。因此,超短波频段的电波主要采用视距传播方式。

2) 通信距离与平台高度密切相关

发送平台在地面/海面时,接收平台飞行高度越高,视线范围越大,通信距离越远;地面天线高度越高,通信距离越远。将天线架高可以有效延伸视距传播距离;相同条件下,发送平台在空中时,与接收平台的通信距离增加。

3.2.2.2 超短波信道的传输特性

1) 信道稳定、误码率低

超短波频段主要是靠电磁波视距传播,与短波频段相比,不受电离层变化的影响,如无针对性的干扰,基本上属于恒参信道,信号传输比较稳定,因而误码率低,传输速率高。另外,与短波信道相比,其工作频段和信道间隔宽,可选择的信道数目多,信道间隔大、干扰小,进一步提高了通信质量。

2) 信号传输易受遮挡

根据电波传播理论,频率越高,传播路径上遇到障碍物时的绕射能力越弱。在超短波频段的收发节点视距间如果存在障碍物阻挡,通信效果将显著变差,甚至无法通信。直升机/无人机武器协同数据链的要求是通信过程中保证收发天线间无遮挡物。如果飞机进行机动,机身可能遮挡视距传播路径。因此,直升机/无人机武器协同数据链的天线多采用全向天线,并且通常在直升机的机背和机腹各安装一个天线。

3) 存在多普勒频移

在超短波信道中,由于接收方处于高速移动中,飞行平台在通信时传播频率的扩散会引起多普勒频移,其扩散程度与接收用户的运动速度成正比,要比地面移动通信中产生的多普勒频移大得多。

4) 存在多径效应

对于超短波频段的视距传播,不仅存在发送节点到接收节点的直射波,还有被地面反射后的发射波,从而在接收节点形成多径,接收节点的场强是直射波与发射波场强的叠加。

3.2.3 数据信息传输的内容

目前与直升机进行协同的无人机多为固定翼无人机,它是靠螺旋桨或者涡轮发动机产生的推力作为飞机向前飞行的动力,主要的升力来自机翼与空气的相对运动,所以无人机必须要有一定的与空气的相对速度才会有升力来飞行,且相对速度越大,所产生的升力越大。同时,由于无人机固有的气动布局,决定了螺旋桨或者发动机产生的推力几乎全部用来产生相对速度,从而使得无人机可以飞得更高更快。鉴于无人机的这种飞行特性,无人机与直升机协同攻击态势图如图3-2所示。

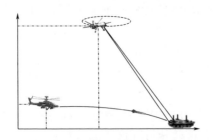

图3-2 无人机与直升机协同攻击态势图

无人机在高度2km以上高空盘旋飞行,攻击直升机在100m左右高度或悬停或平飞实施协同攻击,无人机与攻击直升机飞行高度相差较大,这种攻击态势下其共享信息类型主要包括：

1. 作战成员

指挥机（或攻击机）在编辑发布攻击计划时，明确作战成员数量并赋予每个作战成员不同的作战属性，或指挥机或攻击机或照射机。直升机与无人机协同作战时，直升机往往作为攻击机，无人机作为照射机。

2. 目标属性

目标属性包括目标经度、纬度、高度、速度、航向及目标数量等。计划目标攻击时，直升机将目标信息分配到各个无人机，无人机按照目标位置信息寻找到目标后，实施协同攻击；寻歼目标攻击时，无人机利用其侦察设备搜寻目标，确定目标信息后向直升机报告目标属性，直升机确定目标位置后，实施协同攻击。

3. 攻击机位置

攻击机位置信息包括攻击机经度、纬度、高度、速度。在协同攻击过程中，攻击直升机将其位置信息实时传输给无人机，无人机根据攻击直升机的位置信息，分析攻击态势，调整飞行航线，为确立和进入照射盘旋轨道做准备。

4. 照射机位置

照射机位置信息包括照射机经度、纬度、高度。在协同攻击过程中，无人机将其位置信息实时传输给攻击直升机，攻击直升机在明确无人机位置的同时，还可以根据无人机位置信息制定紧急状态下的规避方案。

5. 攻击航向

攻击航向是指攻击机攻击目标时的真航向。攻击直升机在确立最终攻击占位后，将其攻击航向传输给无人机，无人机根据其激光照射器性能和激光照射需求在攻击直升机攻击航向上确立照射盘旋轨道中心点和盘旋半径。

3.3 武器协同数据信息传输的关键技术

武器协同数据信息传输采用的是基于超短波信道的数字通信。从信源端产生的数据信息，经信息编码、信道编码、数字调制等过程，通过超短波信道传递至接收端，再经过数字解调、信道译码、信源译码等过程，到达信宿端，完成信息传输的完整过程。武器协同数据信息传输的基本过程如图 3-3 所示。

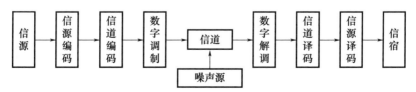

图 3-3 武器协同数据信息传输的基本过程

3.3.1 信源编码技术

由于直升机/无人机武器协同主要传输数字信息,因而若信源端产生的信息为模拟信号,则需要在信源编码阶段首先将所有模拟信号转换为数字信号,简称"模/数转换"。另外,由于受传输信道带宽限制,在信源编码阶段还需要通过一定的数据压缩,减少武器协同信息的码元数量,以节约带宽资源,缩短信息传输的时长。

3.3.2 信道编码技术

信道编码的作用主要是增强数字信号的抗干扰能力。信息在通过超短波信道传输时,受外界复杂电磁环境的干扰容易产生信息差错,为了减小差错,信道编码器对传输的信息按一定的规律加入监督元素,接收端通过审阅这些信息中的监督元素,可以将有差错的信息进行识别或纠正,以避免误码。

对于数据链系统来说,通常是采用无线电信道传输信息,由于空间信道的开放性,所传输的信息必然会受到各信道环境和干扰因素的影响,从而产生差错,降低了信息传输的可靠性。由乘性干扰引起的码间串扰,可以采用均衡的办法纠正;而加性干扰的影响则需要用其他办法解决。因此在设计数据链系统时,要合理选择调制解调方式、发射功率等,使加性干扰不足以影响所要求误码率指标。若仍不能满足要求,就需要考虑采用差错控制编码技术了。这里主要介绍直升机/无人机武器协同数据链 RS 码技术。

3.3.2.1 差错控制技术原理

从差错控制角度看,按加性干扰引起的错码分布规律的不同,信道可以分为三类,即随机信道、突发信道和混合信道。在随机信道中,错码的出现是随机的,而且错码之间是统计独立的。例如,由正态分布白噪声引起的错码就具有这种性质。在突发信道中,错码是成串集中出现的,即在一些短促的时间段内会出现大量错码,而在这短促的时间段之间存在较长的无错码区间。这种成串出现的错码称为突发错码。产生突发错码的主要原因之一是脉冲干扰,例如电火花产生的干扰;信道中的衰落现象也是产生突发错码的另一个主要原因。既存在随机错码又存在突发错码,且哪一种都不能忽略不计的信道,称为混合信道。

根据不同信道类型应采用不同的差错控制技术,差错控制技术主要有以下4种:

1)检错重发

在发送码元序列中加入差错控制码元,接收端利用这些码元检测到有错码时,利用反向信道通知发送端,要求发送端重发,直到正确接收为止。所谓检测到有错码,是指在一组接收码元中知道有一个或一些错码,但是不知道该错码应该如何纠正。采用检错重发技术时,数据链系统需要有双向信道传送重发指令。

2) 前向纠错

前向纠错一般简称为 FEC(Forward Error Correction),这时接收端利用发送端在发送码元序列中加入的差错控制码元,不但能够发现错码,还能纠正错误码元取值。在二进制码元的情况下,能够确定错码的位置,就相当于能够纠正错码。采用 FEC 时,不需要反向信道传送重发指令,也没有因反复重发而产生时延,故实时性好。但是为了能够纠正错误,而不是仅仅检测到有错码,与检错重发方法相比,需要加入更多的差错控制码元,故前向纠错设备要比检错重发设备复杂。

3) 反馈校验

这时不需要在发送序列中加入差错控制码元。接收端将接收到的码元原封不动地转发回发送端,在发送端将它和原发送码元逐一比较。若发现有不同,就认为接收端收到的序列中有错码,发送端立即重发。这种技术的原理和设备都很简单,但是需要双向信道,传输效率也很低,因为每个码元都需要占用两次传输时间。

4) 检错删除

它和检错重发的区别在于,在接收端发现错码后,立即将其删除,不要求重发。这种方法只适用在少数特定系统中,在发送码中有大量多余度,删除部分接收码元不影响应用。例如,用于多次重发仍然存在错码时,为了提高传输效率不再重发,而采取删除方法。这样做在接收端当然会有少许损失,但是却能够及时接收后续的信息。

上述 4 种技术中除第 3 种外,其共同点是在接收端识别有无错误。由于信息码元序列是一种随机序列,接收端无法预知码元的取值,也无法识别其中有无错误,所以在发送端需要在信息码元序列中增加一些差错控制码元,它们称为监督码元。这些监督码元和信息码元之间有确定的关系,比如某种函数关系,使接收端有可能利用这种关系发现或纠正存在的错码。

差错控制编码常称为纠错编码。不同的编码方法,有不同的检错或纠错能力。有的编码方法只能检错,不能纠错。一般来说,付出的代价越大,检(纠)错能力越强。这里所说的代价,就是增加的监督码元多少,它通常用多余度来衡量。例如,若编码序列中平均每两个信息码元就添加一个监督码元,则这种编码的多余度为 1/3,或者说,这种码的编码效率为 2/3。设编码序列中信息码元数量为 k,总码元数量为 n,则比值 k/n 就是码率。监督码元数 $(n-k)$ 和信息码元数 k 之比称为冗余度。理论上,差错控制以降低信息传输速率为代价换取高传输可靠性。

3.3.2.2 RS 码

RS(Reed-Solomon)码是一类具有很强纠错能力的多进制 BCH 码。它首先由里德和索洛蒙提出,故称为 RS 码。RS 码对于纠突发错误特别有效,因为它具有最大的汉明距离,与其他类型的纠错码相比,在冗余符号相同的情况下,RS 码的纠错能力最强。

若仍用 n 表示 RS 码的码长,则对于 m 进制的 RS 码,其码长需要满足

$$n = m - 1 = 2^q - 1 \tag{3-1}$$

式中 q 为整数,且 $q \geq 2$。

对于能够纠正 t 个错误的 RS 码,其监督码元数目为 $r = 2t$,这时的最小码距 $d_0 = 2t + 1$。RS 码的生成多项式为

$$g(x) = (x + \alpha)(x + \alpha^2) \cdots (x + \alpha^{2t}) \tag{3-2}$$

式中 α 为伽罗华域 $GF(2^q)$ 中的本原元。

RS 码有时域编码和频域编码两种,其中信息多项式 $m(x)$ 和剩余多项式 $r(x)$ 分别为

$$m(x) = m_0 + m_1 x + m_2 x^2 + \cdots + m_{k-1} x^{k-1} \tag{3-3}$$

$$r(x) = Q_0 + Q_1 x + \cdots + Q_{n-k-1} x^{n-k-1} \tag{3-4}$$

RS 码的编码过程是首先由生成多项式 $g(x)$ 得到系统生成矩阵 $G(x)$,然后时域编码可由基本的编码公式 $C(x) = m(x) \cdot G(x)$ 得到码字。图 3-4 为 RS 码时域编码原理框图。

而频域编码相对较复杂,码字多项式 $C(x)$ 的 x^{n-1} 至 x^{n-k} 项的系数对应于序列的信息位,而其余位则代表校验位。

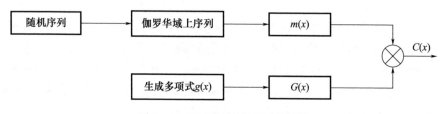

图 3-4 RS 码时域编码原理框图

由于 RS 码能够纠正 t 个 m 进制错码,或者说能够纠正码组中 t 个不超过 q 位连续的二进制错码,所以 RS 码特别适用于存在突发错误的信道,如无线衰落信道。

3.3.3 数字调制技术

数字调制的作用有两个:一是将数字基带信号的频谱搬移至高频处,形成适合在信道中传输的带通信号;二是将数字编码加载到无线电载波中,使武器协同

信息得以在空间中传播。

调制的最终目的是在无线信道中以尽可能好的质量,同时占用尽可能少的带宽来传输信号。基本的调制方式有振幅键控(ASK)、频移键控(FSK)、相移键控(PSK)以及网格编码调制(TCM)等。针对不同的无线信道条件,不同的带宽、速率要求,各种数据链系统选择的调制解调方案也不同。在 Link-22 数据链系统中,载波方式采用 8PSK 调制方式;Link-11 数据链采用常规 Link-11 波形进行副载波多音调制,使用并行传输体制,每个单音采用 $\frac{\pi}{4}$-DQPSK 调制等。这里主要介绍直升机/无人机武器协同数据链通常采用的 8PSK 调制和网格编码调制(TCM)技术。

3.3.3.1 8PSK 调制

8PSK 调制方式属于多进制数字相位调制(MPSK)的一种,它是利用载波的多种不同相位(或相位差)来表征数字信息的调制方式。

在第 k 个码元的持续时间内,一个 MPSK 信号码元可以表示为

$$s_k(t) = A \cdot \cos(\omega_0 t + \varphi_k) \quad k = 1, 2, \cdots, M \tag{3-5}$$

式中 A——常数;

φ_k——一组间隔均匀的受调制相位。

其中 φ_k 可表示为

$$\varphi_k = \frac{2\pi}{M}(k-1) \quad k = 1, 2, \cdots, M \tag{3-6}$$

其中 M 通常取 2 的某次幂,即 $M=2^k$,$k=$ 正整数。故 M 种相位可以用来表示 k 个比特码元的 2^k 种状态。

可以将 MPSK 信号码元表示式展开写成

$$s_k = A \cdot \cos(\omega_0 t + \varphi_k) = a_k \cdot \cos\omega_0 t - b_k \cdot \sin\omega_0 t \tag{3-7}$$

其中,$a_k = A \cdot \cos\varphi_k$,$b_k = A \cdot \sin\varphi_k$。因此,MPSK 信号码元 $s_k(t)$ 可以看作是由正弦和余弦两个正交分量合成的信号。

对于 8PSK 调制来说,有 8 种可能取值。图 3-5 给出了 8PSK 的矢量图,8 种相位分别为 $\frac{\pi}{8}$、$\frac{3\pi}{8}$、$\frac{5\pi}{8}$、$\frac{7\pi}{8}$、$\frac{9\pi}{8}$、$\frac{11\pi}{8}$、$\frac{13\pi}{8}$、$\frac{15\pi}{8}$,分别对应于数字信息 111、110、010、011、001、000、100、101。

8PSK 调制信号的产生原理框图如图 3-6 所示。输入的二进制信息序列经串-并变换每次产生一个 3 位码组 b_1、b_2、b_3,因此,符号速率为比特率的 1/3。在 b_1、b_2、b_3 控制下,同相支路和正交支路分别产生两个四电平基带信号 $I(t)$ 和 $Q(t)$,b_1 用于决定同相路信号的极性,b_2 决定正交路信号的极性,b_3 用于确定同相路和正交路信号的幅度。

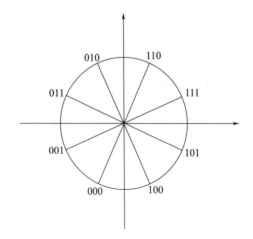

图 3-5　8PSK 的矢量图

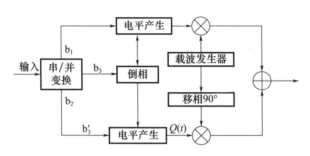

图 3-6　8PSK 调制信号的产生原理框图

3.3.3.2　网格编码调制(TCM)

网格编码调制(Trellis Coded Modulation,TCM)是一种将纠错编码和调制相结合的调制方式。其利用状态的记忆和适当的映射来增大码字序列之间距离,利用信号集的冗余度来提高纠错能力,从而在不扩展占用频带的前提下提高编码增益。它既可以像纠错编码那样在不增加功率的条件下降低误码率,又能够克服纠错编码占用带宽增大的缺点,一般来说,这种调制在保持信息传输速率和带宽不变的条件下能够获得 3~6dB 的功率增益,因此得到了广泛的应用。

传统的信息传输系统是将调制与信道编码、解调与信道译码分开独立考虑设计的。系统的误码率决定于信号序列之间的自由欧氏距离,编码的作用就是使该距离增加,但要通过引入冗余的比特来实现。由于解调器是在译码之前首先对接收信号进行独立的"硬"判决,于是必然会损失掉一部分信息,而损失的信息恰恰影响了系统可靠性的进一步提高。如果采用软判决译码,即译码器直接对调制信道的软输出抽样进行处理,则以最小欧氏距离

$$|r_n - \hat{x}_n|^2 = \min_{\{x_n \in C\}} |r_n - x_n|^2$$

为度量进行 Viterbi 译码。其中的 $\{r_n\}$ 是接收信号序列的采样，$\{\hat{x}_n\}$ 是发送序列，C 是所有编码信号序列组成的码字空间。译码就是在码字空间中确定一组编码信号序列 $\{x_n\}$，使其最接近于接收到的序列 $\{r_n\}$。但是由于汉明距离与欧氏距离之间并不一定存在一一对应的单调映射关系，所以当一个码字具有最大汉明距离时并不一定具有最大的欧氏距离。最佳的编码调制系统应该是以编码序列的欧氏距离为调制设计的量度。因此，应该将编码器和调制器当作一个整体进行综合设计，将冗余度映射至与频谱展宽不直接联系的调制信号参数扩展中，使得编码器和调制器级联后产生的编码信号具有最大的欧氏自由距离。从信号空间的角度看，这种最佳编码设计实际上是一种对信号空间的最佳分割。

TCM 通过扩充调制信号集来提供纠错编码所需的冗余，从而避免了信息传输速率因其增加纠错编码而降低。TCM 系统一般由卷积编码器和符号映射器两部分组成，其结构如图 3-7 所示，其中编码器采用 $\dfrac{m}{m+1}$ 的最优汉明距离卷积码，符号映射为格雷映射。编码器在每个调制间隔传送 m' 个比特，选取其中 $m \leqslant m'$ 个比特进行码率为 $\dfrac{m}{m+1}$ 的二进制卷积编码，得到 $m+1$ 个比特用于选择集合划分形成的子集。其他 $m'-m$ 个比特用于选择相应子集中的信号点集分割，将一个空间信号点集连续地分割成较小的子集，并使分割后子集内的最小空间距离得到最大的增加。集分割是 TCM 的核心，每一次分割都是将一较大的信号集分割成较小的两个子集，这样可得到一个表示集分割的二叉树。每经过一级分割子集数就加倍，而子集内的最小距离也随着增大。设经过 i 级分割后，子集内最小距离为 $\Delta_i(i=0,1,\cdots)$，则有 $\Delta_0 < \Delta_1 < \cdots$。设计 TCM 方案时，将调制信号集做 $k-1$ 级分割，直至使 Δ_{k-1} 大于 TCM 方案设计所需的最小距离为止。TCM 最优码的网格图一般应遵循如下两个原则：

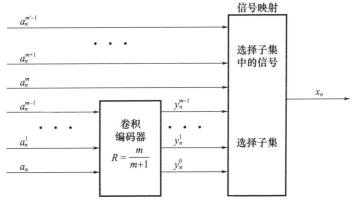

图 3-7 TCM 的一般结构

(1) 在同级的子集中,每个子集包含的信号点数及其空间距离均应保持相等;

(2) 在较小的子集中,信号点的空间距离应逐级增大。

3.3.4 多址接入技术

调制后的载有数字编码的无线电波,在空中传输到接收端后经过反方向的数字解调、信道译码、解密、信源译码到达信宿,实现从信号发送端到信号接收端的信息传输。

无线信道是多个网络用户的共享媒质,当多个用户同时传输,即同时尝试接入信道时,将造成数据帧冲突(在物理信道上相互重叠)并影响接收,带来通信性能的下降。因而信道带宽是无线通信网中的宝贵资源,需要通信协议(MAC 协议)提供信道共享的调度机制,安排大量用户以相互协调和有效的方式接入信道,高效、合理地共享有限的无线带宽资源,实现用户之间的有效通信。

直升机/无人机武器协同数据链是一种采用时分多址(TDMA)接入方式的无线数据广播网络,每个成员根据网络管理规定,轮流占用一定的时隙广播自身平台所产生的信息;在不广播时,则根据网络管理规定,接收其他成员广播的信息。本节内容主要介绍常用的网络多址接入技术,以及直升机/无人机武器协同数据链所使用的 TDMA 技术工作原理。

3.3.4.1 常用的多址接入技术

常用的多址接入技术有频分多址(FDMA)、时分多址(TDMA)、码分多址(CDMA)、空分多址(SDMA)以及轮询技术等。

1) FDMA

FDMA 技术是将通信系统的总频段划分为若干个等间隔、互不重叠的频带,并将这些频带分配给不同用户使用。FDMA 使用户之间的干扰很小。但是,当网络中用户数较多且数量经常变化,或者通信业务量具有突发性特点时,明显存在如下两个问题:网络实际用户数少于已划分信道数时,大量信道资源被浪费;信道分配后,即使已分配信道的用户没有通信需求,未分配到信道的用户无法再获得信道资源,如图 3 - 8 所示。

2) TDMA

TDMA 技术是将时间分割为周期性的时帧,每一时帧再分割为若干个时隙,然后根据一定的时隙分配原则,给每个用户分配一个或多个时隙。用户在指定时隙内发送数据,如果用户在指定时隙中没有数据传输,相应时隙被浪费,TDMA 与 FDMA 原理比较如图 3 - 9 所示。

图 3-8　频分多址接入（FDMA）

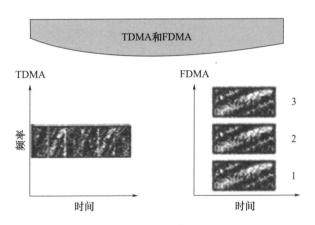

图 3-9　TDMA 和 FDMA

3）CDMA

CDMA 技术是将正交或者准正交的码字分配给不同用户，允许用户在同一频带和同一时间段同时发送数据，通过不同码字区分接收。正交码字的选择对 CDMA 性能有很大影响。此外，CDMA 存在多址接入干扰（Multiple Access Interfere，MAI）和远近效应问题，CDMA 协议的用户数量受限，如图 3-10 所示。

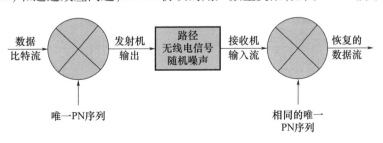

图 3-10　CDMA

4) SDMA

SDMA 技术主要是通过利用数字信号处理技术,采用先进的波束转换技术和自适应空间信号处理技术,产生空间定向波束,使阵列天线形成的主波束对准信号的到达方向,从空域上对不同方向的信号进行分离。

5) 轮询技术

轮询技术是在网络中设有一个主站(又称为网控站),其他的为从属站或静默站,每一个网络成员都被指定一个唯一的地址码。主站是网络的管理者,为所有地址码建立一个轮换呼叫序列。从站是其地址被列在主站呼叫名单中并进行轮询的成员。静默站虽然也有自己的地址,并且该地址也保存在主站的成员名单中,但它们并没有被列入呼叫名单,因此仅能接收数据链的信息,不参与轮询。

轮询协议规定:每个参加单元都指定一个唯一的地址码;统一由网络控制站对整个网络进行管理,按照地址码建立一个轮换呼叫序列;每个站以时分方式共用 1 个频率进行信息发送,即每个从属站分配给 1 个时隙,并严格限定一时刻内只有 1 个站用网频发送;网络控制站一切设置好后,按照序列一个接着一个对从属站进行呼叫,呼叫到的单元就可以进行数据传输,然后依次往下呼叫,各个从属站都被叫到过一次后再周而复始地从第一个从属站呼叫,完成一个网络循环。网络循环自动重复,直到结束。

3.3.4.2 TDMA 的工作原理

直升机/无人机武器协同数据链是以时分多址工作方式组网的,每个成员都按统一的系统时基同步工作,用户间的信息交换不需要经过其他中心节点的控制和中继,从而组成一个无中心节点网络,使得无论哪一个用户受到破坏也不会削弱系统功能。因此,系统具有极强的生存能力。

时分多址是在一个宽带的无线载波上,把时间分成周期性的帧,每一帧再分割成若干时隙(帧或时隙都是互不重叠的),每个时隙就是一个通信信道,分配给一个用户。系统根据一定的时隙分配原则,使各个用户在每帧内只能按指定的时隙向网内发射信号(突发信号),在满足定时和同步的条件下,用户可以在各时隙中接收到其他用户的信号而互不干扰。

直升机/无人机武器协同数据链的信息传输采用的 TDMA 组网方式,将时间分割成周期性的帧,每一帧再分割成若干个时隙,并将每个周期配置成不同的数据时隙和话音时隙,使得一个时间周期可同时传输话音和数据,实现数话同传功能。当武器协同数据链内的信息发送方和接收方配置了相同的时隙表,就能正确地解析出话音和数据内容。这里对直升机/无人机武器协同数据链的时隙结构不做具体介绍,可以参照 Link-16 数据链的时分多址技术和具体的时隙结构。

Link-16 数据链是一种无基站式的 TDMA 保密无线网络。其已经逐渐成为美军部署指挥、火力控制的基础通信手段。Link-16 将 1 天 24 小时(1440 分钟)划分成112.5个时元,每个时元又划分成64个时帧,每个时帧长12秒,每个时帧又分成1536个时隙,每个时隙长7.8125ms用于数据传输。时隙和时帧是联合战术信息分配系统(JTIDS)网络的两个基本时间单位。所有JTIDS系统成员每个时帧均分配一定数量的时隙,在这些时隙里发射一串脉冲信号,以广播它所收集到的情报或发出指挥和控制命令,其他终端机则接收信号,从中提取自己所需的信息。即每个网络成员在12秒内至少一次与网络交换信息。

每个时隙都以粗同步头开始,接着精同步头、数据,最后是保护段,如表3-1所示。

表3-1 普通时隙结构

同步头		报头			数据	保护
粗同步	精同步	消息号	用户号	时隙号		

对于TDMA更要考虑时间上的问题,所以我们要注意通信中的同步和定时问题,否则会因为时隙的错位和混乱而导致通信无法正常进行。由于TDMA分成时隙传输,使得收信机在每一突发脉冲序列上都得重新获得同步,为了把一个时隙和另一个时隙分开,必须有额外的保护时间。采用TDMA带来的优点是抗干扰能力增强,频率利用率有所提高,系统容量增大。

3.4 直升机/无人机武器协同数据链技术的发展和趋势

3.4.1 直升机/无人机武器协同数据链技术的发展情况

3.4.1.1 发展现状

未来战争将是信息化条件下的局部战争,主要作战样式是信息化条件下联合作战,其重要特点是武器平台横向组网,实现资源共享、协同交战,最大程度地提高武器平台的作战效能。因此,强调以网络为中心、传感器与武器系统直接交联、支持火控级精确跟踪和火力打击协同控制的"武器协同数据链"正日益受到重视,将成为信息化条件下作战力量的"黏合剂"和"倍增器"。武器协同数据链的主要任务是通过网络化解决单一传感器对高机动空中目标、地/海面机动目标和辐射源等高危目标探测的不稳定性、单一平台武器及传感器资源的局限性,充分利用作战区域内的各种传感器及武器资源,在作战平台间建立实时、高效的数据交换网络,高精度统一的时空体系,以及网络化、分布式的实时协同处理机制,实现对战术目标快速、准确定位和精确打击控制。

美军通常将具有武器控制功能的武器控制数据链和具有协同作战功能的武器协同数据链统称为武器数据链。从武器控制角度来说,武器数据链早在第二次世界大战时已经投入使用。20世纪80年代后诞生了具备双向通信能力的武器数据链系统,如AN/AXQ-14和AN/AWW-13等武器数据链系统,使武器可以直接与特定的指挥控制节点互通。为了充分共享战术信息和协同作战,美军为其各型直升机研发了各种战术数据链,主要有自动目标交接系统(ATHS)、改进型数据调制解调器(IDM)、通用战术数据链(TCDL)、协同作战能力(CEC)系统和战术目标瞄准网络技术(TTNT)等。

1) 自动目标交接系统(Automatic Target Handoff System,ATHS)

ATHS主要应用于近距离空中支援等任务,直升机可将其获得的目标数据,经过ATHS迅速自动转发给其他作战单元,实现信息共享。ATHS系统除需配备战场任务管理计算机外,只需利用原有的通信电台,其成本较低,这是该系统的一大优点,但存在着信道传输质量差、不稳定等问题,在复杂战场环境下难以满足快速、可靠的使用要求。图3-11所示为直升机无人机通过目标自动交接系统实现协同打击。

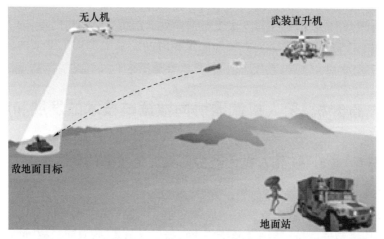

图3-11　直升机无人机通过目标自动交接系统实现协同打击示意图

2) 改进型数据调制解调器(IDM)

IDM兼容多项数据链路标准,能够在空中和地面武器平台之间传输实时的目标数据。IDM主要装备AH-64D、OH-58D和UH-60直升机,可以将联合监视目标攻击雷达系统数据从E-8C预警机传送到陆军指挥中心、地面站和攻击直升机,也可将"长弓"雷达目标数据从装备"长弓"雷达的AH-64D直升机传递给其他作战单元或指挥中心。

3) 通用战术数据链(TCDL)

TCDL是一种全双工、抗干扰、点到点、视距微波通信数据链路。美国第4数字化师所装备的"猎人"和"影子-200"战术无人机,"联合监视与目标攻击雷达系统"和 AH-64D"阿帕奇"武装直升机都装备了 TCDL。2011 年,美国陆军完成了 AH-64D Block Ⅲ 直升机改造,加装了"无人机系统战术通用数据链组件(UTA)",使机组人员可以远程控制无人机系统飞行路径,控制传感器和激光器,该系统还具备接收无人机高质量图像的能力。

4) 协同作战能力(CEC)系统

CEC 原本是美国海军在冷战时期针对防御敌方远程巡航导弹的攻击而提出的研究课题,现在其思想和概念已经被美国政府和军方广泛认可和接受。CEC 实质上是利用计算机、通信和网络技术,把航母战斗群中各战舰的目标探测系统、指挥控制系统、武器系统以及预警机等有机联系起来,形成网络。允许航母战斗群各舰以极短的延时共享各种探测器获取的所有数据,实现复合跟踪与识别、捕获提示、武器控制和协同作战,从而使整个战斗群能高度协同地作战。

CEC 通过高速网络共享不同平台的传感器原始数据,在相同的融合算法支撑下,各平台独立形成单一精确态势图,其主要功能都依赖于单一精确态势图的建立。CEC 系统主要包括数据分发系统(DDS)和协同处理机(CEP)两部分,支持多平台的联网和协同,CEP 输出的目标位置数据可以支持武器控制和态势感知功能。

5) 战术目标瞄准网络技术(TTNT)

TTNT 数据链是一种高速动态宽带数据链,可实现多个平台(尤其是像战斗机这种高速机动平台)动态组网,可以将飞行速度较慢的侦察飞机情报侦察数据传送到高速、高机动的战斗机上。通过 IP 网络技术真正实现了空空、空地、地空的非传统情报监视与侦察(NTISR)、时敏目标瞄准(TST)以及文本信息的实时交换和自动处理,从而有效缩短"传感器到射手"的时间,形成目标跟踪、作战辅助决策以及武器控制能力,为协同作战、精确打击目标提供技术支持。TTNT的设计目标是:实时、视战情而定的通信容量配置,高优先级的信息时间延迟最短,数据传输速率支持安全视频传输,无中心点故障,易于使用,适用于未来空中平台,能够和 Link-16 等现有数据链完全兼容。

TTNT 具有快速重新配置、等待时间短、宽带模式及可与现有系统互操作等特点。但 TTNT 采用全向发射机制,无法解决隐蔽通信的问题,因此限制了其在高性能作战平台上的应用。

美军陆航已完全实现了高等级、网络化的有人无人协同作战能力。近年来,我国无人机发展迅速,但目前仅实现了无人机传感器数据间接访问能力,即有人无人协同的最低等级。

3.4.1.2 典型装备

1) ATHS 组件

ATHS 系统最早是为美国 AH-64 和 OH-58D 武装直升机研制的,美国数字化师的 OH-58D 侦察直升机能够利用 ATHS 和其他通信设备,与 AH-64 直升机炮兵战术火力系统实时通信,后被其他国家的武装直升机所采用,如图 3-12 所示。

图 3-12 "阿帕奇"直升机上的自动目标交接组件

2) Tac-SIS 组件

战术传感器情报共享组件(Tac-SIS)是有人-无人组合的核心,由美国 AAI 公司研制,如图 3-13 所示。它建立在单系统遥控视频终端(OSRVT)技术基础之上,与数字战术通用数据链(TCDL)兼容,能够通过 L-3 公司的无线电台传输全动态视频和数据,快速、安全地交付完整的作战图像给有人机、无人机以及地面设备,还能够通过机载显示屏控制通信和视频传输,并按照机组人员的意愿选择共享信息平台,并且能够在平台之间以标准格式共享联合战场传感器信息。2007 年起,AAI 公司将 Tac-SIS 组件装备在大部分美国陆军直升机平台中。

图 3-13 Tac-SIS 组件从远程有人和无人平台捕获的全动态视频

3) VUIT 组件

无人机系统 2 级互操作组队视频数据链组件由 AAI 公司、L-3 公司和洛克希德·马丁公司联合开发。它能接收无人机视频信息和元数据(目标位置),属于二级能力,还能接收空军和海军各种带有目标指示侦察吊舱的航空平台的视频信息。

VUIT-2 的主要部件包括三频段全向杆装组件和右底座视频接收机(RCVR),分别如图 3-14 和图 3-15 所示。利用它们可以接收无人机的视频和元数据,并将无人机的目标坐标数据输入直升机瞄准系统中,使用 VUIT 的 Mini-TCDL 可以将无人机视频和直升机改进型先进目标捕获指示瞄准具传感器的视频下行传送到地面,在单兵的 OSRVT 或其他地面终端/站上同时显示。

图 3-14 三频段全向杆状组件

图 3-15 右底座接收机

VUIT-2 的改进型称为 VUIT 通用航空系统,它是一种标准工具包,可用于多种航空平台,如"基奥瓦勇士"无人机、UH-60"黑鹰"直升机等。UVIT 通用航空系统包含 2 个工具包:无人机链路工具包和 VUIT 地面链路工具包,两者可一起使用,也可分开使用。无人机链路工具包使有人机能接收无人机的实时视频和元数据。VUIT 地面链路工具包可以将有人机的视频和元数据传输给地面配有 OSRVT 的人员。这个工具包可适应未来螺旋式能力发展要求,但是 VUIT 没有综合到飞机任务控制软件和航电系统中,且只具备二级操控能力,只是一种过渡策略,最终将被 UTA 数据链组件取代。

4) UTA 数据链组件

无人机战术通用数据链组件是一种双向宽带数据链,它与飞机的任务计算机和显示器是完全综合的。目前,UTA 只限于装备"阿帕奇"Block 直升机,不向其他国家出口。UTA 主要采用 TCDL，通过空中模式和地面模式之间的切换分别完成与无人机和配有 OSRVT 地面终端/站的通信，传输无人机或直升机上的视频图像和数据。UTA 可以提供三级和四级操控能力，直升机飞行员可以利用 UTA 控制无人机的传感器、武器系统以及除起降之外的飞行过程，并且还能够指示无人机武器打击既定目标。UTA 在外观与安装上与"阿帕奇"火控雷达相似，安装在旋翼上方的杆状组件中，使用相同的机架，具有相同的外观和空气动力学特征，采用相同的天线座和天线罩。天线罩内的 Ku 波段 TCDL 可控天线用于双向传输无人机视频。机身下的第二副 mini-TCDL 全向天线为飞机-无人机链路提供各种几何覆盖，并能下行传送"阿帕奇"机载传感器的图像，如图 3-16 所示。

图 3-16　天线罩打开的 UTA

UTA 与 VUIT 的最大区别是，UTA 与直升机的任务处理器是完全综合的，无人机的位置、飞行计划和传感器覆盖图等可以添加到直升机战术态势显示器上，直升机能修改无人机的飞行计划；而 VUIT 没有与航电综合，不会干扰无人机的飞行计划。可见，UTA 能够使直升机更灵活地指挥无人机。因此，美国陆军计划将所有"阿帕奇"升级到 Block III，配备功能更强的 UTA。

3.4.2　直升机/无人机武器协同数据链技术的发展趋势

从美军数据链的发展历程可以预见，武器协同数据链未来的发展趋势有以下 4 个方面。

1）从专用型向通用型方向发展

美军早期研究开发的武器数据链基本呈现各军兵种独立开发、用于单一武器控制等特点，如 CEC、弹药数据链、"爱国者"导弹数据链等。随着网络中心战理论的提出以及信息化、网络化作战样式的出现，为适应未来多军种一体化联合作战，美军正对其现有武器协同数据链进行升级、改造，向通用型方向发展。如美军对 CEC 进行升级、改造,使其由舰载型扩展出陆用型和机载型;TTNT 也从空中平台向地面平台扩展,并计划安装到水面平台;美国空军由单独开发隐身飞机和非隐身飞机的数据链转变为开发隐身飞机和非隐身飞机通用的数据链。

2) 从各军兵种独立研究向多军种联合开发方向发展

随着作战武器机械化程度的提高和武器系统信息化发展,一体化联合作战已经呈现,更有领域内专家预测:未来陆、海、空军兵种界限将逐渐模糊直至消失。面向未来,海军开发的武器协同数据链将逐渐向空军武器平台发展;同样,空军也要求能够对海上武器平台进行组网,实现联合指挥作战。基于此,洛克希德·马丁公司专家提出:所有军种都必须采用统一的技术标准和协议,才能有效实施联合作战。由此可以看出,由各军兵种联合研发通用型武器协同数据链将成为未来发展的必然趋势。

3) 向武器协同数据链与战术数据链协同设计发展

美军在研究发展武器数据链的同时就考虑了与战术数据链的衔接问题,目前战术数据链在消息标准和交换协议层具备与武器数据链联接的能力。未来的发展设想是武器协同数据链采用通用的消息标准、协议和接口方式,直接融入全球信息栅格网络,实现与战术数据链的互连互通。

4) 向轻型化、小型化、多功能化和硬件软件化方向发展

武器协同数据链大多用于作战平台,受作战平台的载重、空间等物理条件限制,要求其设备向轻型化、小型化和多功能化方向发展。同时,将硬件功能通过软件实现,走硬件软件化的发展道路也是武器协同数据链的一个重要发展趋势。

第4章 直升机/无人机武器协同态势感知技术

现代战争中,利用单机执行侦察搜索任务仍是主流战法,而随着数据融合算法的逐渐成熟,协同态势感知也逐渐成为了战场先期侦察手段的主要发展趋势。利用直升机和无人机各自的使用特点,在战场环境中执行协同侦察任务,最终形成全局一致的态势感知图,将大大提高直升机/无人机武器协同攻击的任务执行率,也将使战术决策水平得到质的提升。本章将围绕直升机/无人机武器协同态势感知问题,介绍与之相关的几个重要技术。

4.1 单平台目标定位与跟踪技术

在直升机/无人机武器协同过程中,目标侦察、定位及跟踪的任务一般由无人机承担。无人机依靠机上装载的光电测量系统对地面或空间的目标进行识别、测量,并结合无人机载导航信息,给出目标的准确位置(包括目标的方位、高度和距离),以便和直升机协同作战,对目标实施精确打击。在2003年对巴勒斯坦激进派精神领袖亚辛的定点清除行动中,以色列同时派出了3架无人机进行了精确定位,引导武装直升机进行导弹攻击,一举成功。可以说,无人机对目标的精确定位和跟踪是获取战场目标信息和把握战场态势的重要手段,是与直升机进行武器协同实施精确打击的重要前提。随着无人机的大量应用,无人机的低风险精确定位能力,在战争中展现出来的巨大作用不容忽视。

无人机目标定位就是基于信息处理和图像处理技术,通过对无人机载光电设备(电视、红外、激光)或合成孔径雷达获取的数据进行处理与分析,提取目标精确三维坐标的过程,包括无人机平台自身高精度定位和目标高精度定位两方面关键技术。

4.1.1 平台定位

作为定位设备的承载平台,对空中无人机的定位是目标定位的基础。与一般航空飞行器相似,对空中无人机的定位可采用的技术有卫星导航定位技术、惯性导航定位技术、无线电定位技术和组合导航定位技术等。

4.1.1.1 卫星导航定位技术

随着卫星通信技术的不断发展,利用卫星导航定位已成为人们日常生活和工作中的一种便捷手段。卫星导航定位系统是利用在空间飞行的卫星不断向地面广播发送某种频率并加载了某些特殊定位信息的无线电信号来实现定位测量的定位系统。卫星导航定位系统一般包含三个部分:第一部分是空间运行的卫星星座,多个卫星组成的星座系统向地面发送某种时间信号、测距信号和卫星瞬时的坐标位置信号;第二部分是地面控制部分,它通过接收上述信号来精确测定卫星的轨道坐标、时钟差异,检测其运转是否正常,并向卫星注入新的轨道坐标,进行必要的卫星轨道纠正和调整控制等;第三部分是用户部分,通过用户的卫星信号接收机接收卫星广播发送的多种信号并进行处理计算,确定用户的最终位置。用户接收机通常固连在地面某一确定目标上或固连在运载工具上,以实现定位的目的。

目前,正在运行的全球卫星导航定位系统主要有美国的 GPS 卫星导航定位系统、俄罗斯的 GLONASS 卫星导航定位系统、欧盟的 GALILEO 卫星导航定位系统和我国的北斗卫星导航定位系统。美国的 GPS(全球定位系统)在功能的完备性、数据的连续性、定位的准确性以及终端的灵活性等方面,可以说已成为目前世界上最完善的卫星导航定位系统。然而,GPS 是由美国军方控制的导航定位系统,其向全世界开放的程度和时机均掌握在美军手中。为解决 GPS 平时开放程度有限、战时可能关闭等问题,包括我国在内的世界各主要国家都在加速发展自己的卫星导航定位系统。我国 2020 年已建成的北斗三号系统,已经开始面向全球提供定位导航授时、短报文通信和国际搜救等服务,并提供开放和授权两种服务模式。开放服务是在服务区免费提供定位、测速和授时服务,全球范围定位精度优于 10m、测速精度优于 0.2m/s、授时精度优于 20ns、服务可用性优于 99%;授权服务是面向授权用户提供的更安全的定位、测速、授时和通信服务,定位精度可优于"0.5 米级"。相比 GPS 卫星导航定位系统,我国北斗卫星导航定位系统的定位精度从"米级"提升至"0.5 米级",海上北斗增强系统的精度甚至可提升至 3 厘米级别。

保留无线电定位技术和惯性导航定位技术,并采用北斗卫星/惯导/无线电组合导航定位技术是我国无人机空间定位技术的重要发展方向。组合后的导航定位系统克服了各自缺点,取长补短,可以综合利用来自不同传感器、不同渠道的多种信息资源,使其自主能力、抗干扰能力和工作可靠性大大增强,导航和定位精度高于各自系统独立工作的精度。

4.1.1.2 惯性导航定位技术

惯性导航定位系统由于其高度自主、隐蔽性好、信息输出连续且实时性强等优点,在军用无人机领域得到了广泛的应用。

惯性导航定位技术主要是通过测量飞行器的加速度,并自动进行积分运算,来获得飞行器瞬时速度和瞬时位置数据的。按照惯性导航组合在飞行器上的安装方式,可分为平台式惯性导航定位系统(即惯导组合安装在惯性平台的台体上)和捷联式惯性导航定位系统(即惯导组合直接安装在飞行器上)。平台式惯性导航定位系统多用于运载火箭等航天设备上,而一般航空飞行器多采用捷联式惯性导航定位系统。

根据所用陀螺仪的不同,捷联式惯性导航定位系统还可分为速率型和位置型两种类型。用速率型陀螺仪,可输出瞬时平均角速度信号;用位置型陀螺仪,可输出角位移信号。

捷联式惯性导航定位系统是一种推算导航定位方式,即从已知点的位置出发,根据连续测得的无人机航向角和速度推算出下一点的位置,从而连续测得无人机的当前位置。捷联式惯性导航定位系统中的陀螺仪用来形成一个导航坐标系,使加速度计的测量轴稳定在该坐标系中并给出航向角和姿态角;加速度计用来测量运动体的加速度,经过对时间的一次积分可得到速度,而速度对时间再经过一次积分即可得到位移。

惯性导航定位系统是一种自主导航系统,具有隐蔽性好、不受外界电磁波干扰、可以全天候工作、数据连续性好、短期精度高等优点,但其主要缺点是导航误差随时间的增长不断累积。因此,基于惯性导航定位的组合导航定位系统得到迅猛发展,成为无人机导航定位领域的重要研究方向。比较典型的有惯性/卫星组合、惯性/CNS组合、惯性/SAR组合等,但是上述单一组合的模式还无法充分满足未来的无人侦察机对导航定位性能长时间稳定可靠的要求。惯性/卫星组合导航定位系统的精度是目前最高的,在拥有制电磁权的情况下该组合系统可以充分发挥其优势,但当对方实施电子压制对抗时,卫星的导航定位作用将受到严重干扰;惯性/CNS组合导航定位系统具有极强的自主性,但在应用时会受到可观测星光条件的约束;惯性/SAR组合导航定位系统能够对抗干扰,但该方法对地形具有较高的依赖性,且需要预先侦察作战区域的地形,对战场变化的适应能力较弱。

4.1.1.3 无线电定位技术

空中无人机的无线电定位通常是以无人机地面站(坐标已知)为基准,利用无人机系统的测距、测角信息,通过换算得到无人机的空间三维坐标。距离信息可通过无人机数据链的上、下行信道,在遥控遥测信息中采用特殊码型(如伪随机编码等)的方法,经相关调制解调和相关运算得到;方位角信息可利用地面站天线的方向性,在系统已跟踪空中无人机的情况下,采用单脉冲测角方法测定无人机的方位角坐标,在条件许可的情况下,也可利用成对天线,采用相位干涉仪的方法得到无人机的方位角坐标;高低角信息可以采用与方位角信息同样的测角方法得到,也可利用机载高度传感器(如气压高度表、激光测高仪等)获得无人机高度,进而参与坐标变换。

采用无线电定位技术确定空中无人机坐标时,测距信息和测高信息一般足够准确,而测角信息往往是影响定位精度的主要误差来源。相位干涉仪测角和单脉冲测角是两种最常见的测角方法。相位干涉仪法是利用成对天线接收无人机的连续波载波信号的相位差,或者说将无人机到两个天线的距离差进行比较,得到目标偏离信号轴的角度和方向,从而实现测角的目的;单脉冲法是利用地面站天线所形成的成对波束接收无人机信号,通过信号的振幅或相位比较,得到目标偏离信号轴的角度和方向。显然,无线电测角往往受到天线机械传动系统的精度、天线相位中心的变化以及电波传播的折射、多径效应和热噪声等因素的影响,从而限制了对空中无人机的定位精度。

4.1.1.4 组合导航定位技术

为了弥补单一组合模式的不足,可应用多信息融合最优估计理论,组成多传感器组合导航定位系统,将多种机载导航定位系统的信息进行"取长补短",以提高导航定位的精度和可靠性。采用该方法可以有效增强无人机机载导航定位系统的可用性和导航信息的完整性,是提高无人机导航定位精度的重要手段。

表 4-1 给出了机载多信息融合组合导航系统在国外各种航空飞行器上的应用情况,由该表可见,国外的先进航空飞行器通常都采用了多信息组合导航模式。

表 4-1 国外航空飞行器机载组合导航定位系统应用情况

国家	机型	惯性	卫星	地形辅助	天文	大气	多普勒	图像匹配
美国	全球鹰	√	√	√	√	—	—	—
美国	F16 战斗机	√	√	—	—	√	√	—
美国	U-2 侦察机	√	√	—	√	—	—	√
美国	B-2 轰炸机	√	√	√	√	—	—	—
俄罗斯	TU-160 远程侦察机	√	√	—	√	—	√	—
俄罗斯	苏35 战斗机	√	√	—	—	—	√	—
俄罗斯	苏34 战斗机	√	√	—	—	√	√	—
法国	"幻影"2000	√	√	√	—	—	—	—
英国	飓风式战斗机	√	√	—	—	—	—	—
美国	CH-53	√	√	—	—	—	√	√

我国在惯性/多传感器信息融合组合导航方面的研究起步相对较晚,虽已出现了许多成熟的理论,部分理论成果也已应用到实际系统中,但是与美国等发达国家之间还有较大差距,仍有许多关键技术难点需要突破。

4.1.2 目标定位

直升机/无人机协同作战时,无人机利用其飞行高度高、航时长等优势,承担的战场侦察任务主要有两个方面的内容:一是获取侦察区域高精度图像,为直升机/无人机武器协同提供情报;二是判读识别定位侦察目标,为军事决策、火力打击、目标指示、地面行动等提供支援。无人机目标定位功能是直升机/无人机武器协同的根本,目标定位的精确度直接影响到协同作战的效果,如图4-1所示。

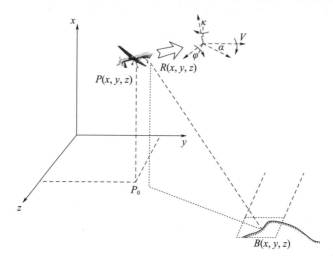

图 4-1　无人机目标定位示意图

无人机目标定位的理论基础就是通过各种设备或方法解算侦察时刻的目标空间位置。首先,依托无人机定位导航系统,对无人机本身进行定位,获取无人机平台侦察时刻在地理坐标系的空间位置;然后,利用无人机机载光电测量系统,测量目标相对无人机的位置参数(方位、高度和距离),解算出侦察时刻目标在无人机坐标系的空间位置信息;最后,根据侦察时刻无人机平台在地理坐标系的空间位置和目标在无人机坐标系的空间位置信息,进行坐标转换计算,获取目标在地理坐标系的空间位置。由此可知,无人机目标定位能力是一个系统指标,受无人机平台稳定精度和定位精度、无人机光电测量系统(传感器、测距仪、载荷平台等)精度等综合因素影响。因此无人机目标定位难度系数大,特别是直升机/无人机实施武器协同时,战场态势瞬息万变,实时、快速、精确目标定位是无人机侦察系统的关键技术。

4.1.2.1　主要方法

目前,常用的无人机目标定位方法主要有三种:一是基于无人机遥测数据的实时定位;二是基于无人机数字图像的非实时定位;三是基于空间交会的精确定位。

1) 基于无人机遥测数据实时目标定位

（1）基本原理。

基于无人机遥测数据实时目标定位是直接将无人机对目标定位瞬间的位置信息、姿态信息，以及侦察转台的转角信息、测距信息纳入定位解算模型，从而可快速解算出目标坐标。该方法因具有实时性好的突出优点，故被所有现役无人机定位系统采用。然而，在利用光电侦察设备（可见光/红外）对地面目标进行跟踪和定位时，无人机的位置和姿态误差、侦察转台转角的测量误差和测距误差等，都不可避免地影响到目标定位精度。

（2）定位过程。

基于无人机遥测数据实时目标定位过程是：首先，利用无人机机载光电测量系统，测量目标相对无人机的位置参数（方位、高度和距离），解算出侦察时刻目标在无人机坐标系的空间位置信息；然后，依托无人机定位导航系统，获取无人机平台侦察时刻在地理坐标系的空间位置；最后，根据侦察时刻目标在无人机坐标系的空间位置和无人机平台在地理坐标系的空间位置信息，进行坐标转换计算，获取目标在地理坐标系的空间位置。

无人机在侦察过程中利用光电传感器实时摄取地物图像，并显示在地面控制站的显示器上，当发现可疑目标时，用跟踪器产生的跟踪波门跟踪目标，并用激光器对目标进行测距，机载计算机即可根据相关参数信息对目标实时定位，其定位示意图如图4-2所示。

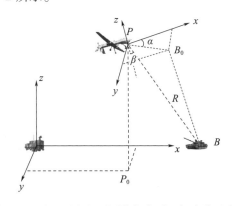

图4-2 基于无人机遥测数据实时目标定位示意图

从无人机上侦察目标，无人机上光电传感器转台的运转是以无人机为参照物的，以无人机为参照物建立无人机坐标系，无人机到目标的距离 R 通过激光测距可以获得，在直角三角形 PB_0B 中有：

$$PB_0 = R \times \cos(90° - \beta) \tag{4-1}$$

$$BB_0 = R \times \sin(90° - \beta) \tag{4-2}$$

式中　β 为光电传感器转台相对无人机的俯仰角。

故目标 B 在无人机坐标系中的位置为

$$x = PB_0 \times \cos\alpha = R \times \cos(90° - \beta) \times \cos\alpha \quad (4-3)$$

$$y = PB_0 \times \sin\alpha = R \times \cos(90° - \beta) \times \sin\alpha \quad (4-4)$$

$$z = BB_0 = R \times \sin(90° - \beta) \quad (4-5)$$

式中　α 为光电传感器转台相对无人机的方位角。

以地面站为参照物建立地理坐标系，无人机在地理坐标系中的位置 P 由无人机载导航定位系统可以获取，结合无人机的姿态角信息，进行坐标转换即可获得目标在地理坐标系的位置信息。

2）基于无人机数字图像非实时目标定位

（1）基本原理。

基于无人机数字图像非实时目标定位是在数字图像广泛应用到无人机侦察系统后，发展出的一种在无人机地面控制站上实现多目标非实时定位的方式。该定位方式将数字图像侦察画面中所包含的图像分辨率、视场、光轴方位/俯仰角、目标相对光轴的位置关系和无人机位置及姿态信息等纳入定位解算模型，从而解算出光轴附近多个目标的位置信息。该定位方式具有能够同时对多个目标进行定位、无需激光测距等优点，但是受无人机位置和姿态误差、侦察转台转角的测量误差、光轴校准误差、视场精度、目标相对光轴位置计算误差等因素影响，其定位精度相对基于无人机遥测数据实时目标定位方式较低。

（2）定位过程。

基于无人机数字图像非实时目标定位过程是：首先，利用光电传感器的分辨率、当前视场、光轴的方位/俯仰角以及目标相对光轴的位置关系解算出目标相对无人机的方位/俯仰角，进而解算出侦察时刻目标在无人机坐标系的空间位置信息；然后，依托无人机定位导航系统，获取无人机平台侦察时刻在地理坐标系的空间位置；最后，根据侦察时刻目标在无人机坐标系的空间位置和无人机平台在地理坐标系的空间位置信息，进行坐标转换计算，获取目标在地理坐标系的空间位置。

无人机在侦察过程中利用光电传感器实时摄取地物图像，并显示在地面控制站的显示器上，当发现可疑目标时，冻结侦察图像获取一幅侦察画面，如图 4-3 所示。

假如当前视场角为 $a \times b$，光电传感器分辨率是 $x \times y$，则方位上一个像素对应的角度值为 a/x，而目标相对光轴方位上距离 m 个像素，则方位上目标相对光轴的角度是 am/x；同样俯仰上一个像素对应的角度值为 b/y，而目标相对光轴俯仰上距离 n 个像素的话，则俯仰上目标相对光轴的角度是 bn/y；而光轴相对无人机的方位角为 α_0，俯仰角为 β_0，则目标相对无人机的方位角、俯仰角为

图 4-3 基于无人机数字图像非实时定位示意图

$$\alpha = \alpha_0 - \frac{am}{x} \quad (4-6)$$

$$\beta = \beta_0 - \frac{bn}{y} \quad (4-7)$$

其中方位角以沿机轴方向为初始零位,顺时针为正,逆时针为负;俯仰角以垂直向下为初始零位,向前为正,向后为负。

如图 4-2 所示,已知目标相对无人机的方位角为 α、俯仰角为 β,目标在无人机坐标系的高度 BB_0 通过无人机在地理坐标系的高度和无人机姿态角可以求得,则目标在无人机坐标系中的位置为

$$x = PB_0 \times \cos\left(\alpha_0 - \frac{am}{x}\right) = BB_0 \times \cot\left(90° - \left(\beta_0 - \frac{bn}{y}\right)\right) \times \cos\left(\alpha_0 - \frac{am}{x}\right)$$
$$(4-8)$$

$$y = PB_0 \times \sin\left(\alpha_0 - \frac{am}{x}\right) = BB_0 \times \cot\left(90° - \left(\beta_0 - \frac{bn}{y}\right)\right) \times \sin\left(\alpha_0 - \frac{am}{x}\right)$$
$$(4-9)$$

$$z = BB_0 \quad (4-10)$$

以地面站为参照物建立地理坐标系,无人机在地理坐标系中的位置 P 由无人机载导航定位系统可以获取,结合无人机的姿态角信息,进行坐标转换即可获得目标在地理坐标系的位置信息。

该方法同样适用于画面中的其他目标定位。

3)基于空间交会精确目标定位

(1)基本原理。

基于空间交会精确目标定位是基于无人机遥测数据实时目标定位方法的一

种拓展。在无人机执行光电侦察过程中,发现感兴趣的目标后,进入跟踪状态,同时激光测距设备连续发射激光测量目标到光电传感器的距离,采集跟踪后的飞行遥测数据和图像数据,这些遥测数据包括无人机的位置及姿态角、光电转台方位/俯仰角、光电传感器焦距和目标距离。之后将遥测数据进行综合,来构建空间多个位置对地面同一目标的交会模型,利用交会模型进行平差计算以实现目标定位。多点空间交会解算过程对误差具有较好的"剔除"和"抑制"作用,从而能够达到较高的定位精度。

(2) 定位过程。

在执行光电侦察过程中,对感兴趣的目标进行目标跟踪,边跟踪边对目标进行判读分析,确认需要定位时,即可通过定位设备实现快速精确定位;定位算法基于空间交会原理,通过激光多点测距,综合跟踪过程中多帧电视图像的遥测数据进行分析,最终解算目标精确坐标。

a. 空间两点交会目标定位。

在无人机飞行过程中,对将要进行定位的目标实施跟踪,跟踪过程中对2个位置点进行定位测量,两点定位设计思想如图4-4所示。两测量点与目标点组成空间三角形,O 点为目标点,A、B 两点分别为无人机2次定位测量点,S 为海拔平面。OAB 在海平面的投影为三角形,A、B 两点坐标由无人机自身导航定位系统提供,AO 和 BO 的长度由激光测距所得,姿态角由姿态测量系统测得。

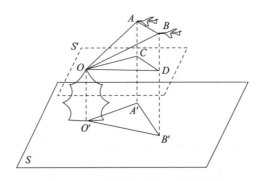

图4-4 空间两点交会定位原理图

在图4-4中,设 $\angle OAA'$ 为 α_A,$\angle OBB'$ 为 α_B,O 点坐标为 $O(X_O, Y_O, Z_O)$,其余点坐标表示方法与 O 点类似,在平面三角形 OAC 中:

$$\sqrt{(Y_C - Y_O)^2 + (X_C - X_O)^2} = \sin\alpha_A \cdot AO \quad (4-11)$$

$$\sqrt{(Y_D - Y_O)^2 + (X_D - X_O)^2} = \sin\alpha_B \cdot BO \quad (4-12)$$

$$Z_a - \cos\alpha_A \cdot AO = Z_O \quad (4-13)$$

式中 α_A、α_B 由无人机姿态角(偏航角、俯仰角、横滚角)和光电转台方位、俯仰角进行坐标转换可以求得,故通过以上方程组可求得目标 O 点坐标。

空间两点交会目标定位方法是对单站测角测距目标定位方法的改进,该方法在单站测角测距的基础上增加了一个观测点,两次对同一目标进行相关测量,通过构建空间三角形避免了无人机必须在过顶位置进行定位的要求。但是,该方法由于沿用了单站定位方法的思想,需要利用姿态角的转换矩阵来完成目标定位过程,因此,目标定位精度仍然不高。

b. 空间三点交会目标定位。

空间两点交会目标定位给出了空间交会定位的基本原理,在实际使用中,由于影响无人机各种误差的随机误差比较复杂,单纯依靠两点进行定位往往很难达到较好的定位精度,而依靠三点甚至多点进行定位则在一定程度上减小了由于无人机三个姿态角、光轴稳定平台的俯仰角与方位角的测量误差而带来的不良影响,本节主要讨论三点交会目标定位模型,其方案同样适用于多于三点的交会目标定位解算。

在无人机飞行过程中,对将要进行定位的目标实施跟踪,跟踪过程中对3个以上位置点进行采样,然后对采样后的数据进行空间交会解算,获取目标坐标,该方法特别适合对重点目标进行重点侦察和分析时使用,同等条件下,其定位精度高于空间两点交会定位。若该算法与现有的共线成像模型相结合,将极大地提高战场目标定位精度。当战场出现重要目标时,此时可设定无人机沿飞行航线绕战场目标区域上空飞行,在 A、B、C 三个航程点对目标进行3次激光测距,构建空间立体锥形对目标点进行精确定位,如图4-5所示。

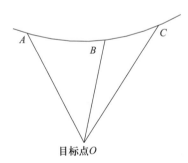

图4-5 空间三点交会目标定位原理图

假设目标 O 点的坐标是 (X,Y,Z),A、B、C 三点瞬时坐标可由卫星导航定位测得,则目标交会定位数学模型为

$$\sqrt{(X_A - X_O)^2 + (Y_A - Y_O)^2 + (Z_A - Z_O)^2} = OA \quad (4-14)$$

$$\sqrt{(X_B - X_O)^2 + (Y_B - Y_O)^2 + (Z_B - Z_O)^2} = OB \quad (4-15)$$

$$\sqrt{(X_C - X_O)^2 + (Y_C - Y_O)^2 + (Z_C - Z_O)^2} = OC \quad (4-16)$$

可以看出,空间三点交会定位方法是在无人机的任务航线上,在三个位置点

分别对目标进行测距,通过构建空间立体锥形进行交会解算,以获得目标点坐标。该方法可以完全摆脱因为无人机自身姿态角测量误差、目标定位测量系统的相对角度信息测量不完全准确而带来的目标定位误差。

并且,当无人机获得一帧图像时,可以利用三点交会法获得中心点的坐标,再结合现有的共线定位算法,通过差分定位原理,即可获得该图像上任意点的位置坐标,实现对一帧图像上的多个目标进行同时定位。

差分定位基本原理:如图4-6所示,在无人机获得的一帧图像里,A是画面中心点,B是画面其他处任意一点;A、B点通过共线定位算法获得的坐标分别是(X_A, Y_A),(X_B, Y_B),A点通过空间三点交会定位得出的坐标为(X'_A, Y'_A),由于画面中A、B的真实距离为几十米,而无人机距地面的高度为几千米,因而可以认为,同样使用共线定位算法测量出的A、B两点,系统随机误差近似一致。如果A点通过空间三点交会定位得出的坐标(X'_A, Y'_A)为模拟真值,则有

$$X'_A - X_A = \delta_x \quad (4-17)$$

$$Y'_A - Y_A = \delta_y \quad (4-18)$$

相应地,B点修正定位值(X'_B, Y'_B)为

$$X'_B = X_B + \delta_x \quad (4-19)$$

$$Y'_B = Y_B + \delta_y \quad (4-20)$$

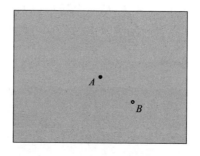

图4-6　差分定位示意图

4.1.2.2　误差源分析

1) 误差分析模型

无人机视频侦察目标定位可以采用诸多方法实现,方法的基本原理也不尽相同,但相同的是目标定位误差均与无人机定位误差、无人机空中姿态角测量误差、任务载荷误差等因素紧密相关,可用下式定性描述无人机视频侦察目标定位误差。

$$\sigma_0^2 = k_1 \sigma_p^2 + k_2 \sigma_a^2 + k_3 \sigma_f^2 + k_4 \sigma_l^2 + k_5 \sigma_h^2 \quad (4-21)$$

式中　σ_0为目标定位误差;σ_p为无人机定位误差;σ_a为无人机姿态角测量误差;σ_f为光轴稳定平台误差;σ_l为激光测距误差;σ_h为其他测量误差;k_i($i=1$,

2,3,4,5)为影响目标定位精度各因素的权值。

需要说明的是,由于采用不同的定位方法,各影响因素的权值大小也不一样,需要依据具体的定位方法确定相应的精度评估权值,有的方法中,部分影响因素的权值还可能为0。如:基于几何纠正的间接定位中,由于采用图像匹配和坐标映射思想实现目标定位,所以目标定位精度就不受无人机定位精度的影响,因此k_1就应该为0。

2) 无人机定位误差

无人机空中定位可以采用无线电定位、惯性导航定位、卫星导航定位、组合导航定位等方式。这里主要探讨不同定位方式下无人机空中定位误差的来源。

(1) 无线电定位误差。

a. 无线电测角误差。

受到天线机械传动系统精度、天线相位中心变化以及电波传播折射、多径效应和热噪声等因素的影响,无论是采用相位干涉仪法,还是采用单脉冲法进行无线电测角,其测量误差都是无人机无线电定位误差的主要来源。

b. 无线电测距误差。

无线电测距是通过无人机数据链的上、下行信道,在遥控遥测信息中采用特殊码型(如伪随机编码等)的方法,经相关调制解调和相关运算得到。受链路延时、时钟同步等因素影响,其测距精度存在一定的误差。

c. 测高误差。

高度信息若采用与方位角信息同样的测量方法得到,则由于无人机飞行高度高,在垂直方向电磁波传输到天线安装平台或地面时的镜面反射较大,产生多径效应而影响测量精度。高度信息若采用机载高度传感器(如气压高度表、激光测高仪等)得到,则其测量误差由机载高度传感器的测量精度决定。

(2) 惯性导航定位误差。

惯性导航定位是无人机一项重要的导航定位技术,它通过测量无人机的加速度,并自动进行积分运算,从而获得无人机的瞬时速度和瞬时位置。惯性导航系统是一种自主式的导航系统,它具有不依赖于外部信息、隐蔽性好、不怕干扰、数据更新率高、短期精度高、稳定性好等优点。但是它同样具有较大的缺陷,给导航定位带来一定的误差。

a. 初始对准误差。

惯性导航技术是建立在牛顿定律基础上的,其定位精度一定程度上依赖于初始对准精度。初始对准误差包括初始位置误差、初始速度误差、初始航向误差与初始姿态误差。有的惯性导航系统采用了增强间断式对准(EIM)方式,在无人机发射升空或滑跑阶段改变航向连续对准;有的惯性导航系统采用存储航向对准方式,将对准的航向数据事先存储在无人机载计算机里,可以大大提高对准精度、缩短对准时间。

b. 加速度计误差。

惯性导航系统测量装置包括三个加速度计、一个三轴陀螺稳定平台,三个加速度计用来测量无人机沿定轴方向的三个加速度分量。计算机根据初始对准数据和三个加速度信号,计算无人机的当前坐标。加速度的测量误差是惯性导航的核心误差。同时,随着无人机飞行时间增长,惯性导航系统的测量误差也不断增大。从目前芯片集成技术来看,惯性导航系统与其他导航系统的复合技术成为将来的一个重要发展趋势。

(3) 卫星导航定位误差。

a. 卫星钟差。

由于卫星的空间位置是随时间变化的,所以卫星导航定位测量是以精密测时为基础的。而与卫星位置相应的时间信息,是通过卫星信号的编码信息传送给用户的。在卫星导航定位中,无论是码观测值还是载波相位观测值,均要求卫星时钟与接收机时钟保持严格同步。实际上,尽管卫星均设有高精度的原子钟,但它们与理想的时钟之间,仍然存在着难以避免的偏差或漂移。

b. 卫星轨道误差。

由卫星星历所给出的卫星轨道与卫星的实际轨道坐标之差称为卫星轨道误差。在卫星导航定位中,一般将卫星星历所给出的卫星在空间的位置视为已知值,此时星历误差将成为一种起算数据误差。这种误差对于单点定位的影响不可忽略。

c. 卫星天线相位偏差。

卫星星历给出的坐标是卫星质量中心在空间的位置。卫星质量中心与卫星发射天线的相位中心一般并不重合,这两者坐标之差称为天线相位中心偏差。观测值是接收机天线相位中心和卫星天线相位中心,而卫星星历中的卫星坐标是卫星质量中心的坐标。因此,就必须顾及卫星天线质量中心和相位中心之间的偏差。

d. 对流层折射。

从地面起向上到距地面40km的大气层称为对流层。电磁波在对流层中的传播速度与大气折射率和传播方向有关。由于对流层的介质对卫星信号没有弥散效应,所以其群折射率与相折射率可认为相等。对流层折射对观测值的影响可分为干分量和湿分量两部分,干分量主要与大气的温度与压力有关,而湿分量主要与信号传播路径上的大气湿度和高度有关。当卫星处于天顶方向时,对流层干分量对距离观测值的影响约占对流层影响的90%,且这种影响可以应用地面的大气资料计算。湿分量的影响虽数值不大,但由于很难可靠地确定信号传播路径上的大气物理参数,所以湿分量的影响尚无法准确地测定。因此,当要求定位精度较高或基线较长时,它将成为误差的主要来源之一。

e. 电离层折射。

电离层是高度位于 60~1000km 的大气层,由于太阳辐射的作用,使其中大量的原子被电离成正离子和电子,当电磁波信号穿过电离层时,传播速度也将会发生变化,导致电磁波在传播中产生延迟。

f. 多径误差。

在卫星导航定位测量中,卫星传送过来的信号一部分被测控站附近的反射物所反射,这部分反射信号(反射波)如果进入接收机天线的话,就将和直接来自卫星的信号(直接波)产生干涉,从而使观测值偏离真值产生所谓的"多径误差"。多径效应严重时可以导致信号失锁。

g. 接收机钟差。

接收机钟差是由于卫星接收机内的时钟晶体振荡器的频率漂移,从而造成的接收机时钟与卫星标准时钟之间存在的差值。卫星接收机一般采用高精度的石英钟,其稳定度约为 10^{-9}。对于精密单点定位来说,由于是采用单站观测值,无法利用差分的方法消除接收机钟差的影响,因此,在定位计算时必须考虑这点。

h. 接收机天线相位偏差。

卫星的空间位置通常定义在卫星的几何中心点,而卫星的无线电观测位置却是以接收机天线的相位中心为准的,两者的偏差值可达数毫米到数厘米。从已进行的实验来看,使用 P 码的 GPS 接收机实时三维定位精度在 10m 以下,使用 C/A 码的 GPS 接收机的定位精度为 100m 左右。

3) 无人机姿态角测量误差

无人机机体的三个姿态角参数是机体坐标系相对于地面坐标系的角度。飞行器在空中的姿态角常用三个欧拉角表示。其中,偏航角 φ 由机载磁航向仪测量所得,俯仰角 θ、滚转角(倾斜角)κ 由无人机垂直陀螺仪测量所得(这三个角度还可以从惯性导航定位系统中读取)。无人机的俯仰角、滚转角和偏航角的测量误差同样会对无人机光电侦察目标定位精度产生重要影响。

4) 光轴稳定平台误差

光轴稳定平台同经纬仪一样是一种精密测角仪器,可用于测量跟踪目标的水平角和高低角。

(1) 光轴稳定平台的系统误差。

调平误差是无人机光轴稳定平台的竖轴线对铅垂轴线的倾斜误差,调平误差主要由水准器的灵敏度、水准器的调整误差、水准器的读数误差组成。

竖轴的角晃动误差可定义为轴系的主轴回转误差。主轴的回转误差可以看作由三个误差分量,即轴向窜动误差、径向晃动误差和角运动误差组成。由于竖轴在加工装调过程中严格控制前两项误差,因此,在实际轴系检测中只检测角运动误差。

横轴回转轴线与竖轴回转轴线的小正交度定义为横轴差。其产生的原因是机载光电跟踪测量设备的照准架左右轴承不等高,该误差为系统误差,可通过修正的办法来控制在 5 分度以内。

横轴的角晃动误差也可定义为轴系的主轴回转误差。主轴的回转误差也可以看作由三个误差分量,即轴向窜动误差、径向晃动误差和角运动误差组成。由于横轴在加工、装调过程中同样严格控制前两项误差,因此,实际检测中只检测角运动误差。

(2) 机载光电平台的方位角、俯仰角误差。

无人机常采用的光轴稳定平台是两轴稳定平台,按照从外环至内环的旋转顺序进行平台角旋转,确定旋转矩阵。外环为方位环,内环为俯仰环。光轴稳定平台可以分别测得平台运动的方位角 ξ、俯仰角 η。平台的方位角、俯仰角误差对无人机光电侦察目标定位精度有着很大的影响。

5) 激光测距误差

激光测距与雷达测距在原理上是完全相同的。在测距点,激光发射机向被测目标发射激光脉冲,光脉冲穿过大气到达目标,其中一小部分激光经目标反射后返回测距点,并被测距仪上的探测系统接收。

(1) 激光测距的晶振频率误差。

测出从激光发射时刻到反射光被接收时刻之间的时间间隔 t,根据已知光速即可求出被测目标的距离 R:

$$R = \frac{1}{2}ct \qquad (4-22)$$

式中 c 为光速,真空中的光速是一个精确的物理常数 c_0,$c_0 = 2.99792458 \times 10^8 \text{m/s}$,海平面或近地面的平均大气折射率为 $n = 1.000275266$,故近地面大气中的光速为 $c = 2.9971 \times 10^8 \text{m/s}$。

可见,激光测距仪的任务就是准确地测定时间间隔 t。当不考虑大气中光速的微小变化时,测距精度 ΔR 主要是由测时精度 Δt 确定的:

$$\Delta R = \frac{1}{2}c\Delta t \qquad (4-23)$$

实际脉冲激光测距仪是利用时钟晶体振荡器和脉冲计数器来测定时间间隔 t 的。时钟晶体振荡器用于产生固定频率的电脉冲振荡,脉冲计数器的作用是对晶体振荡器产生的电脉冲个数进行计数。设晶体振荡器产生的电脉冲频率为 f,则脉冲间隔 $T = 1/f$。若从激光脉冲发出时刻脉冲计数器开始计数,到反射光被

接收时刻停止计数,设这段时间内脉冲计数器共计得脉冲个数为 m,则可计算出被测目标的距离为

$$R = \frac{1}{2}cmT = \frac{cm}{2f} \tag{4-24}$$

相应的测距精度为

$$\Delta R = \frac{1}{2}cT = \frac{c}{2f} \tag{4-25}$$

可见,脉冲激光测距仪的测距精度由晶振的频率决定。常用军用激光测距仪的晶振频率有 15MHz、30MHz、75MHz 和 150MHz 等,与其相对应的测距精度分别为 ±10m、±5m、±2m 和 ±1m。晶振的频率愈高,测距精度就愈高,但随之而来的,不仅是计数器的技术难度增加,而且要求激光脉冲的宽度更窄,激光器的难度也会增加。

无人机激光脉冲测距系统中计数器的"开门"信号是由取出一小部分发射激光脉冲经光电探测器转换成电信号形成的,计数器的"关门"信号则是由目标激光回波到达测距仪经光电探测器转换成电信号形成的。这两个信号既可由同一探测器提供,也可由两个探测器提供。

(2) 战场目标表面性质、大小及外形引起的测距误差。

无人机的激光测距方程描述了到达激光接收机光电探测器部分的发射功率(称为回波功率或接收功率)、激光测距仪性能参数(发射功率、光束发散角、光学系统透过率、接收视场)、传输介质(大气)传输的衰减以及目标特性(目标有效截面、反射率)之间的关系。通过计算激光发射功率经介质传输的衰减、目标表面截获和反射的光功率,到达接收视场的光功率以及接收光学系统接收到的光功率,就可以得到接收功率。

脉冲激光测距方程与目标的形式和大小有关,目标的形式有三种,即漫反射大目标、漫反射小目标和合作目标。对于漫反射大目标,测距方程可表示为

$$P_r = P_0 \frac{\rho A T_n}{2\pi D^2} e^{-2\sigma D} \tag{4-26}$$

式中 P_r 为接收到的激光回波功率;P_0 为发射激光脉冲的峰值功率;ρ 为目标表面漫反射系数;A 为接收物镜的有效受光面积;σ 为大气对目标的衰减系数;T_n 为光学系统的总透过率;D 为目标至测距仪的距离。

目标表面性质的不同,将引起目标的反射系数不同。反射系数除与激光波长有关外,还与目标材料、表面涂层物的透射和吸收特性、目标表面的粗糙度等有关。目标大小、外形不同,被激光照射的有效面积也就不同,即反射激光的有效截面积不同。有效截面积小,反射的能量弱。当激光测距仪接收到的回波信号太小时,就测不出距离。因此,探测距离越远,要求的目标面积也

应越大。

(3) 气象条件引起的测距误差。

气象条件直接决定了大气衰减系数 σ 的大小。激光通过大气传输时,大气分子和气溶胶(悬浮在大气中的固态和液态微粒,如尘埃、烟粒、云雾粒子、盐粒等)将对光波产生吸收和散射作用,造成激光能量衰减,即大气透过率降低。不同的气象条件,对同一波长的激光所造成的能量衰减不同。能见度越低,衰减越大,故雨天、雾天对测距仪的测程有明显影响。

目前无人机常用的激光测距仪的最大测量距离为10km,发射功率 >20mW,重复频率为10Hz;在10km内,激光测距仪测距误差在 1~5m。

6) 其他误差

其他对目标定位精度具有影响的误差因素有很多,如机载光电传感器的系统误差等,而这些因素对视频图像目标定位精度影响并不大,在此不再赘述。

4.1.3 目标自动跟踪

无人机通过机载光电系统实现对目标的昼/夜搜索、瞄准与跟踪,实现视轴的空中惯性稳定,最终实现对地面及空中目标的精确打击。从原理上看,无人机载光电转塔可分为稳定平台和光电有效载荷(探测器)两大部分。光电载荷安装在稳定平台上,通过陀螺稳定平台隔离载机的振动,获得相对惯性空间稳定的平台空间,并且在控制指令的驱动下,实现光电载荷对目标的搜索、捕获、跟踪和定位。探测器(有效载荷)可根据担负任务的不同而采用不同的组合搭配。对承担搜索跟踪任务的机载光电转塔来说,一般包括可见光/微光摄像机、红外热像仪和激光测距仪等,在白天,利用可见光的图像传感器获得目标图像的可见光特征跟踪;在夜间或能见度差时,则利用热成像传感器,根据目标的热特性进行跟踪,实现了昼夜兼用。

如图4-7所示,目标自动跟踪的工作原理是采用可见光和红外光成像传感器作为闭环控制系统的观测传感器,将场景图像实时送给主控计算机,计算出目标的方位和俯仰偏差,并变换成与之成正比的控制信号作用于陀螺仪的力矩器上,力矩电机输出与方位、俯仰误差成正比的控制力矩使跟踪架的光电探测器保持对目标的跟踪。相对于人工跟踪,自动跟踪可以提高无人机在飞行间跟踪运动目标的精度,缩短跟踪与精瞄目标的时间,并大大减轻任务操作手的工作负担。本节以成像传感器的目标跟踪为例,介绍目标跟踪技术。

如图4-8所示,所谓目标跟踪,就是在一段序列图像的每帧图像中实时地找到感兴趣的目标所处的位置。

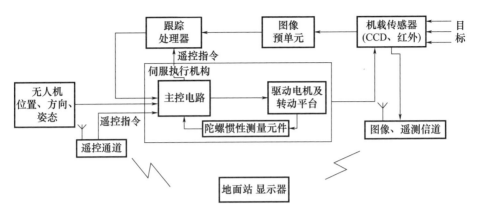

图4-7 无人机光电平台目标自动跟踪原理框图

图4-8 目标自动跟踪示意图

4.1.3.1 目标自动跟踪算法分类

目前,关于目标跟踪算法的分类有很多,本书将目标跟踪方法分为六类,分别是基于模板匹配的跟踪方法、基于图像特征的跟踪方法、基于帧间差分的跟踪算法、基于光流的跟踪算法、基于神经网络的跟踪算法和基于运动预测的目标跟踪算法。

1) 基于模板匹配的跟踪算法

基于模板匹配的跟踪算法用目标的灰度值组成模板,通过计算模板与待分析图像的相似程度,识别或检测到相应的目标,实现对目标的跟踪。该算法具有很好的识别能力,可以跟踪复杂背景中的目标,能在低信噪比下提供良好的跟踪性能,具有使用简单、可靠性高等优点,是目前使用最广泛的一种跟踪算法。但是总的来说运算量较大,很难满足实时性的要求,而且这种方法完全依据于图像数据,对目标姿态变化的适应能力较差,往往需要结合其他方法使用。

2) 基于图像特征的跟踪算法

基于图像特征的跟踪算法,其主要思想是首先在一帧图像中选取一些特征作为标准特征序列,然后在以后各帧中寻找对应的特征序列来确定目标在图像中的位置。常用的目标特征有三种：①目标的几何参数特征,如边缘、轮廓、角点、纹理等；②目标的统计特征,如直方图特征、矩特征、统计特征(如均值、方差、熵、核概率密度等)等；③变换域特征,包括傅里叶(Fourier)变换特征,小波变换特征。总的说来,与基于模板匹配的目标跟踪算法相比,基于特征匹配的跟踪算法具有运算量小,对几何变形、亮度、对比度和背景的变化具有较强的鲁棒性等优点。

3) 基于帧间差分的跟踪算法

基于帧间差分的跟踪算法对相邻帧图像做相减运算之后,对结果图像取阈值并进行分割,从而提取出运动的目标。当摄像机位置固定时,只要对相邻帧图像直接作差分,就可以检测出视场中的差异部分,发现运动目标的存在区域,解决目标跟踪问题。如果摄像机自身也处于运动状态,则由于目标和背景同时处于运动中,就不能通过简单地检测视场中的差异部分来提取目标,只有通过对背景的运动进行补偿后,才能将目标的运动从背景的运动中区分出来。总之,利用相邻帧图像相减,理论上背景不动,得到的差图像可以反映运动目标的信息。但是实际场景一般比较复杂,存在各类噪声和干扰,差图像中除了运动目标,还会存在其他的背景扰动,这些会给目标具体位置的判断带来麻烦；特别是如果目标静止,那么差图像就根本检测不到目标。而基于背景图像与当前帧差的算法,当摄像机相对于背景并非静止,就存在一个背景配准的问题,虽然目前在背景配准方面已经有了很多方法,但是也存在算法复杂、计算量较大的问题。

4) 基于光流的跟踪算法

基于光流的跟踪算法主要采用加约束的梯度模板从序列图像中抽取光流场,并结合区域合并、区域连通或聚类算法,自动筛选出光流较大的运动目标区域,从而实现复杂背景下运动目标的跟踪。基于光流的跟踪算法的优点是不需要对图像进行预处理,抽取特征,而是直接对图像本身进行处理,但大多数的光流计算方法相当复杂,且抗噪能力差,如果没有特别的硬件装置就不能被应用于全帧视频流的实时处理,而且由于光流法容易产生虚警,所以它不适合目标只有几个像素的情况。

5) 基于神经网络的跟踪算法

基于神经网络的跟踪算法充分利用了神经网络的大规模并行处理、分布式信息存储以及良好的学习、训练能力,为图像跟踪技术尤其是多目标图像跟踪技术的研究开辟了新的途径。神经网络的优点是可以解决非线性问题,缺点是要经过大量的训练,而且计算量也较大。总之,国内外应用神经网络解决目标跟踪问题的研究,表明了此方向的可行性。但现有的研究成果还不能完全满足实际应用的需求,因此,如何将神经网络、遗传算法、模糊数学等技术结合起来,形成智能融合系统是该领域的重要发展趋势。

6）基于运动预测的跟踪算法

基于运动预测的改进跟踪算法通过利用目标运动所具有的时间相关性和运动连续性,应用滤波预测算法对目标在当前和未来时刻的运动状态(如位置、速度、加速度信息)进行估计,从而减少了搜索范围,提高了算法的实时性。当出现目标遮挡时,跟踪系统可以按照预测的位置跟踪目标,从而保持跟踪的稳定性和连续性。滤波预测算法是该算法的核心,根据滤波预测算法各自的特点和实现方法,可以将它们分为两类。①线性滤波算法,主要有线性自回归滤波、两点外推滤波、加权最小二乘滤波、$\alpha-\beta$ 滤波、$\alpha-\beta-\gamma$ 滤波、维纳滤波和卡尔曼(Kalman)滤波。其中,$\alpha-\beta$ 滤波适用于匀速运动目标的预测与跟踪。$\alpha-\beta-\gamma$ 滤波适用于匀加速运动目标的预测与跟踪,每次计算只需要当前时刻的测量值,不必记忆多个历史数据,最大的优点是增益矩阵可以离线计算,但是精度有限,只适于中等精度系统和计算速度有限时应用。维纳滤波是基于最小均方误差准则的滤波理论,采用频域方法,用平稳随机过程的谱展开式和谱分解方法研究和解决问题,要求信号是平稳随机过程,因此局限性很大,不适合作机动运动的目标,此外维纳滤波算法是非递推的,需要储存全部观测数据,存储量和计算量都很大,因此很难在工程上实现。R. E. Kalman 在 20 世纪 60 年代提出的 Kalman 滤波是最佳线性递推滤波,在目标跟踪理论中占据了主导地位。它突破和发展了经典的维纳滤波理论,是一种时域方法,通过引入状态变量的概念,用状态方程描述动态系统,用观测方程描述观测信息,用状态空间模型取代了维纳滤波方法所采用的传递函数模型。其优点是:有递推形式,便于在计算机上实现;计算量、存储量小;可处理时变系统、非平稳信号和多维信号。但是 Kalman 滤波也存在一些缺点,主要体现在:要求已知系统的精确数学模型和噪声统计特性,对于高维系统计算量和存储量大。②非线性滤波算法。由于线性滤波算法不能考虑非线性过程,应用受到了极大的限制,于是,针对各种应用背景,人们提出了许多非线性滤波算法,其中较成功的有扩展卡尔曼滤波算法(Extended Kalman Filter, EKF)、无迹卡尔曼滤波算法(Unscented Kalman Filter, UKF)和粒子滤波算法(Particle Filter, PF)。

4.1.3.2 典型的目标自动跟踪算法

1）基于模板匹配算法的目标跟踪算法

模板匹配,就是将一幅图像中的某些像素点的灰度值作为一个模板,在下一帧图像中搜索相同或相似的对应部分进行匹配。如在图 4-9(a)中寻找坦克模板图(4-9(b))的过程就是一个匹配的过程。

匹配的基本原则就是通过相关函数的计算找到目标以及目标在待搜索图中的坐标。设待搜索图 S 的大小为 $N\times M$(长×宽),模板图 T 的大小为 n 像素 $\times m$ 像素,图 4-10 对匹配算法进行了描述。

(a) 待搜索图　　　　　　　　(b) 模板

图 4-9　被搜索图(a)和模板(b)

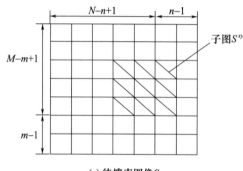

(a) 待搜索图像 S　　　　　　　　(b) 模板 T

图 4-10　匹配算法描述

匹配算法将模板 T 叠放在待搜索图像 S 上平移,模板覆盖下的那块搜索图称为子图 S^{xy},x、y 为这块子图的左上角像素点在待搜索图像中的坐标。坐标 x、y 的取值范围分别为 $1<x<(M-m+1)$ 和 $1<y<(N-n+1)$。常用的相关函数有以下四种:

(1) 最小均方误差函数(Mean Square Error,MSE):

$$\mathrm{MSE}(x,y) = \frac{1}{m \times n}\sum_{i=1}^{m}\sum_{j=1}^{n}(T(i,j) - S(x+i,y+j))^2 \quad (4-27)$$

(2) 最小平均绝对差值函数(Mean Absolute Difference,MAD):

$$\mathrm{MAD}(x,y) = \frac{1}{m \times n}\sum_{i=1}^{m}\sum_{j=1}^{n}|T(i,j) - S(x+i,y+j)| \quad (4-28)$$

(3) 最大匹配像素统计(Matching Pixel Cumulation,MPC):

$$\mathrm{MPC}(x,y) = \sum_{i=1}^{m}\sum_{j=1}^{n}N(i,j) \quad (4-29)$$

其中:

$$N(i,j) = \begin{cases} 1 & |T(i,j) - S(x+i,y+j)| \leq t \\ 0 & |T(i,j) - S(x+i,y+j)| > t \end{cases} \quad (4-30)$$

式中 t 为阈值。该算法表示图像中对应匹配位置与模板中对应位置的灰度差小于一定值就为有效点,累积有效点的个数,有效点个数最多的位置就是最佳匹配位置,同时还可根据有效点的个数判断遮挡是否发生。

(4) 归一化的互相关(Normalized Correlation,NC)函数包括两种形式:

$$NC(x,y) = \frac{\sum_{i=1}^{m}\sum_{j=1}^{n}T(i,j)S(x+i,y+j)}{\sqrt{\sum_{i=1}^{n}\sum_{j=1}^{n}T^2(i,j)\sum_{i=1}^{m}\sum_{j=1}^{n}S^2(x+i,y+j)}} \quad (4-31)$$

或

$$NC(x,y) = \frac{\sum_{i=1}^{m}\sum_{j=1}^{n}(T(i,j)-\overline{T}(i,j))(S(x+i,y+j)-\overline{S}(x+i,y+j))}{\sqrt{\sum_{i=1}^{n}\sum_{j=1}^{n}(T(i,j)-\overline{T}(i,j))^2\sum_{i=1}^{n}\sum_{j=1}^{n}(S(x+i,y+j)-\overline{S}(x+i,y+j))^2}}$$

$$(4-32)$$

其中:

$$\overline{T}(i,j) = \frac{1}{m \times n}\sum_{i=1}^{m}\sum_{j=1}^{n}T(i,j), \overline{S}(x+i,y+j) = \frac{1}{m \times n}\sum_{i=1}^{m}\sum_{j=1}^{n}S(x+i,y+j)$$

$$(4-33)$$

相比 NC,MSE、MAD 和 MPC 方法的实现比较简单,运算量较小,但对光照的变化敏感;而 NC 方法对灰度的线性变化不敏感,但计算量很大。模板匹配算法使用穷举搜索方法,需要遍历搜索范围内的所有点,即对于一个大小为 $N \times M$ 的图像,设模板大小为 $n \times m$,则需要进行 $(N-n+1) \times (M-m+1)$ 次匹配,计算量非常大。当待匹配图像的大小为 640 像素 × 480 像素,模板图像的大小为 64 像素 × 64 像素,那么搜索窗口要在待匹配图像上滑动大约 30 万次。这是一个相当耗时的过程,因为对于每一次滑动,都意味着要做一系列的匹配运算。因此,对模板匹配算法的改进要从提高算法的实时性入手,改进方法主要可以分为两种:

a. 通过减少在每一个搜索位置处的计算量来减少计算时间,提高实时性。如序贯相似度检测算法就是通过在计算过程中迅速拒绝失配点,避免对该位置处的像素进行大量的相关运算来提高计算效率的。

b. 改变搜索策略,减少搜索范围,如分层搜索算法和运动预测法等。

2) 改进序贯相似度检测算法

序贯相似度检测算法(Sequential Similarity Detection Algorithm,SSDA)是 Barnea 和 H. F. Silverman 于 1972 年首先提出来的,其基本思想是:在匹配过程中,一旦发现模板所在的参考位置不是匹配点就丢弃不再计算,立即转到新的参考点进行计算,从而大大提高了匹配速度。对于归一化互相关匹配,SSDA 算法的具体实现描述如下：

(1) 首先定义绝对误差值：

$$\varepsilon(x,y,i_k,j_k) = |(T(i_k,j_k) - \overline{T}(x,y)) - (S(i_k+x,j_k+y) - \overline{S}(x,y))| \quad (4-34)$$

式中：

$$\overline{T}(x,y) = \frac{1}{m \times n}\sum_{i=1}^{m}\sum_{j=1}^{n}T(i,j), \overline{S}(x,y) = \frac{1}{m \times n}\sum_{i=1}^{m}\sum_{j=1}^{n}S(x+i,y+j) \quad (4-35)$$

(2) 取一个不变阈值 T_h。在子图中随机选取像素点，计算它同模板图中对应点的误差值 ε，然后把这个误差值同其他点对应的误差值累加起来，当累加 r 次误差超过 T_h 值时，停止累加，并记下次数 r，定义 SSDA 的检测曲面为

$$I(x,y) = \{r \mid \min_{1 \leqslant r \leqslant m^2}[\sum_{k=1}^{r}\varepsilon(x,y,i_k,j_k) \geqslant T_h]\} \quad (4-36)$$

(3) 把 $I(x,y)$ 值大的点 (x,y) 作为匹配点，因为这点上需要许多次累加才使总误差超过阈值 T_h。

图 4-11 中给出了在 A、B、C 三个参考点上得到的误差累计增长曲线。A、B 反映出模板 T 不在匹配点上，误差累计增长很快超出阈值的情形，C 中误差累计增长很慢，很可能是一条准候选点。

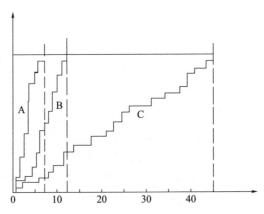

图 4-11　T_h 为常数时的累计误差增长曲线

SSDA 算法不需要计算所有的像素点，只要其总误差 $\sum\varepsilon$ 超过 T_h 就可以说明当前位置为非匹配位置，停止本次计算，进行下一位置的测试，直至找到匹配点为止。虽然 SSDA 算法相对传统的模板匹配算法速度提高了，但它仍是一种穷尽的搜索匹配算法，不能对目标进行实时地跟踪，而且其精度低，易受噪声影响，一旦进入信息贫乏的区域，会导致匹配率的上升。

3) 分层搜索算法

分层搜索算法又称为图像金字塔加速算法,是基于人们先粗后细寻找事物的惯例而得到的。例如,要在北京市地图上找到某目标的位置时,可以先找到该目标所在行政区划,称其为粗相关,然后在这个区内,再仔细地确定该目标的位置,叫作细相关。很明显,利用这种搜索方法,可以很快地找到目标位置。分层搜索算法一般由两个步骤组成。

(1) 对待搜索图像和模板图进行分层预处理。首先将图像 2×2 的邻域逐个进行平均处理,从而得到一个分辨率较低、维数较小的图像。然后,将此图像再用同样的方法处理,得到一个分辨率更低和维数更小的图像,依次进行下去,可以进行 L 次分层处理,得到 L 个处理后的图像,加上原图像,构成一组分辨率由高到低、维数由大到小的图像序列。用上述方法将模板图和待搜索图像进行分层处理,得到两个图像序列分别如下。

模板图像序列:

$$X_k : \left(\frac{M}{2^k} \times \frac{M}{2^k} \right) \tag{4-37}$$

待搜索图像序列:

$$Y_k : \left(\frac{N}{2^k} \times \frac{N}{2^k} \right) \tag{4-38}$$

其中 $k = 0,1,2,\cdots,L$,假定待搜索图像为 $N \times N$ 维,模板图为 $M \times M$ 维。因为原图的分辨率最高,且维数最大,所以 $k=0$ 时的图像 X_0 和 Y_0 具有最高的分辨率,而 $k=L$ 的图像 X_L 和 Y_L 具有最低的分辨率,第一次相关搜索从分辨率最低和维数最小的一对图像 X_L 和 Y_L 开始。

(2) 进行先粗后细的分层搜索。第一次相关搜索是从分辨率最低的 X_L 和 Y_L 开始的,为了找到可能的粗匹配位置,应将 X_L 在 Y_L 的所有搜索位置上进行相关,并确定粗匹配的位置,因为此时 X_L 和 Y_L 的维数最小,所以搜索速度很快,这时可能产生多个可能的粗匹配位置。下一次相关只需要在上一次相关产生的粗匹配位置附近进行相关搜索就可以了。依此类推,直到在最高分辨率的模板图 X_0 和待搜索图像 Y_0 上找到匹配位置为止。

如果对最低分辨率的两图进行相关计算,总的搜索位置数为

$$\left(\frac{N}{2^L} - \frac{M}{2^L} + 1 \right)^2 \approx \frac{(N-M)^2}{2^{2L}} \tag{4-39}$$

而对最高分辨率的两图进行相关计算时,搜索位置数为

$$(N - M + 1)^2 \approx (N - M)^2 \tag{4-40}$$

因此,如果不考虑其他各层的搜索位置数,那么分层搜索算法的搜索位置数为一般算法的 $1/2^{2L}$,从而大大提高了处理速度。与 SSDA 算法相比,分层搜索

算法提高了计算效率,但这是在牺牲跟踪精度的基础上完成的,此外,当搜索的目标只有几个像素点时,根本无法使用分层搜索算法。

4) 基于运动预测的模板匹配算法

SSDA 算法和分层搜索算法把整个目标跟踪过程,看作是对许多个独立的待搜索图像的目标区域进行分割的过程,没有考虑目标运动的连续性和前后两帧图像的相关性。为了充分利用这一信息,可以利用基于运动预测的算法对模板匹配算法进行改进。该方法首先根据目标以前的运动轨迹来初步确定下一帧目标所在的位置,然后再在这个位置附近对目标进行细致地匹配搜索,以达到加快搜索速度的目的,算法的流程如图 4-12 所示。

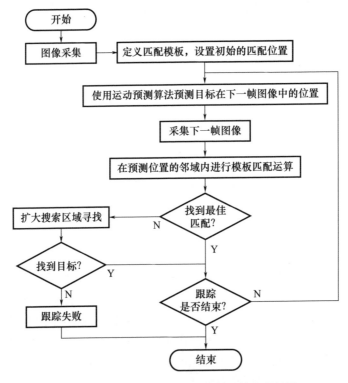

图 4-12 基于运动预测的模板匹配算法流程图

常用的基于运动预测的模板匹配算法有:基于 Kalman 的模板匹配算法、基于 EKF 的模板匹配算法、基于 UKF 的模板匹配算法和基于粒子滤波的模板匹配算法。滤波算法是运动预测算法的核心,其性能影响着跟踪算法的实时性、精确性以及适用范围,如 Kalman 滤波算法只能处理噪声是高斯分布的线性系统;EKF 和 UKF 虽然可以处理非线性系统,但仍然要求噪声是高斯的;粒子滤波算法可以处理非线性、非高斯系统,但需要用大量的粒子来近似描述目标的状态,算法非常费时,而且和 Kalman、EKF、UKF 一样都依赖于目标的运动模型,模型的准确与否影响着滤波预测的准确性。

基于运动预测的模板匹配算法虽然在一定程度上提高了跟踪算法的实时性和鲁棒性,但模板匹配算法固有的缺点限制了其性能进一步的提高。

5) 基于均值平移的目标跟踪算法

Mean Shift 算法用于目标跟踪首先要对被跟踪目标进行初始化,在起始帧中,通过鼠标确定一个包含所有目标特征的区域,称为被跟踪目标的目标区域。Mean Shift 跟踪算法通常包括目标模型描述、候选模型描述、相似系数计算和目标定位 4 步。

(1) 目标模型描述。首先建立合适的模型来描述目标的特征,对在初始帧图像中目标区域内所有的像素点,计算特征空间中每个特征值的概率。假设目标区域的中心为 x_0,其中包含 n 个像素,用 $\{x_i\}$,$i=1,2,\cdots,n$ 表示,特征值 bin 的个数为 m 个,用 $u=1,2,\cdots,m$ 表示,则所估计的目标模型特征的概率密度为

$$\hat{q}_u = C \sum_{i=1}^{n} k\left(\left\|\frac{x_0 - x_i}{h}\right\|^2\right) \delta[b(x_i) - u] \quad (4-41)$$

其中,$k(x)$ 为核函数的轮廓函数,$\delta(x)$ 是 Delta 函数,$\delta[b(x_i) - u]$ 的作用是判断目标区域中像素 x_i 的特征值 $b(x_i)$ 是否属于第 u 个 bin,如果 $b(x_i) = u$,则函数值为 1,表示 $b(x_i)$ 属于第 u 个 bin,否则值为 0,不属于。h 表示目标的半径,决定了目标的尺度。C 是一个标准化的归一化系数,使得 $\sum_{u=1}^{m} q_u = 1$,因此:

$$C = \frac{1}{\sum_{i=1}^{n} k\left(\left\|\frac{x_0 - x_i}{h}\right\|^2\right)} \quad (4-42)$$

通常特征空间取颜色空间,对于灰度图像,$b(x_i)$ 可以这样确定:计算目标区域和候选区域的灰度直方图,将直方图划分为 m 段,每段包含 $256/m$ 个灰度级,若像素 x_i 的灰度值落在某段内,则 $b(x_i)$ 返回该段中心的灰度值或该段的序号。对于 RGB 三通道的彩色图像,则可以计算区域的三个通道的直方图,将每个直方图划分成 m 段,x_i 的三个分量分别落在每个直方图的 m_0、m_1、m_2 段,则 $b(x_i)$ 返回 $m_2 \times m^2 + m_1 \times m + m_0$。由于 RGB 色彩模型是一种非线性色彩模型,不利于径向对称核函数的计算,因此通常将 RGB 色彩模型转化为线性色彩模型。HSL 模型(Hue,Saturation,Luminance)就是一种常用的线性色彩模型,其中,Hue 为色调,表示目标感受到的色彩;Saturation 为饱和度,指的是色彩被白光冲淡的程度,产生"深蓝色""淡蓝色"等描述;Luminance 为亮度,代表了感受到的光源能量。HSL 模型将亮度信息从色彩中分离出来,其中的色调和饱和度与人类的感知相对应,因此,该模型在图像处理领域得到了广泛的应用。在目标自动跟踪

系中,如果部分考虑或者完全忽略亮度分量的影响,甚至仅以色调为目标的特征,那么系统就可以在很大程度上排除外界光照变化带来的影响,从而使系统更加可靠稳定。RGB 色彩空间到 HSL 色彩空间的转换关系为

$$\begin{cases} L = 0.2999R + 0.587G + 0.114B \\ H = \dfrac{256\arctan\dfrac{2R-G-B}{\sqrt{3}(G-B)}}{2\pi} \\ S = 255\left(1 - \dfrac{3\min(R,G,B)}{R+G+B}\right) \end{cases} \quad (4-43)$$

对于 HSL 色彩空间,如果只使用色调作为目标的特征,则 $b(x_i)$ 可以这样确定:计算 H 分量的直方图,将直方图划分为 m 段,每段包含 $256/m$ 个等级,若 x_i 的值落在某段内,则 $b(x_i)$ 返回该段中心的色调值或该段的序号。由于只使用色调作为特征,降低了处理颜色的维数,从而使系统在计算上更加简单、快捷。

(2) 候选模型描述。运动目标在第二帧及以后的每帧中可能包含目标的区域称为候选区域,对候选区域的描述称为目标候选模型。进行候选模型的描述,即在以后每帧图像中可能存在目标的候选区域中对特征空间的每个特征值进行计算,设其中心坐标为 y,则候选模型特征值的概率密度为

$$\hat{p}_u(y) = C_h \sum_{i=1}^{n_h} k\left(\left\|\frac{y-x_i}{h}\right\|^2\right)\delta[b(x_i) - u] \quad (4-44)$$

其中,C_h 是标准化的归一化系数:

$$C_h = \frac{1}{\sum_{i=1}^{n_h} k\left(\left\|\dfrac{y-x_i}{h}\right\|^2\right)} \quad (4-45)$$

h 表示候选目标的半径,决定了候选目标的尺度。

(3) 相似系数计算。利用相似性函数度量初始帧目标模型和当前帧候选模型的相似性,通过求相似性函数的最大值得到关于目标的 Mean Shift 向量,这个向量就是目标从初始位置向正确位置转移的向量,由于 Mean Shift 算法的收敛性,不断迭代计算 Mean Shift 向量,在当前帧中,最终目标会收敛到目标的真实位置,从而达到跟踪的目的。通常使用 Bhattacharya 系数作为相似函数,其定义为

$$\hat{\rho}(y) = \rho(\hat{p}(y), \hat{q}) = \sum_{u=1}^{m} \sqrt{\hat{p}_u(y)\hat{q}_u} \quad (4-46)$$

$\hat{q}_u$ 和 $\hat{p}_u(y)$ 分别描述目标和候选目标的特征。相似函数值 $\hat{\rho}(y)$ 在 $0\sim1$ 之间。$\hat{\rho}(y)$ 的值越接近 1,表示两个模型越相似。

(4) 目标定位。目标定位就是在搜索区域中寻找目标的过程,也就是寻找使 $\hat{\rho}(y)$ 取最大值的位置 y 的过程。为使 $\hat{\rho}(y)$ 最大,将当前帧的目标中心先定位

为前一帧中目标中心的位置 y_0，从这一点开始寻找最优匹配的目标，其中心为 y，先计算目标候选模型 $\hat{p}(y_0)$，对式(4-46)在 $\hat{p}(y_0)$ 处进行泰勒展开，Bhattacharya 系数可以近似为

$$\rho(\hat{p}(y),\hat{q}) = \frac{1}{2}\sum_{u=1}^{m}\sqrt{\hat{p}_u(y_0)\hat{q}_u} + \frac{C_h}{2}\sum_{i=1}^{n_h}w_i k\left(\left\|\frac{y-x_i}{h}\right\|^2\right) \quad (4-47)$$

其中：

$$w_i = \sum_{u=1}^{m}\frac{\hat{q}_u}{\hat{p}_u(y_0)}\delta(b(x_i)-u) \quad (4-48)$$

式(4-47)中只有第二项随 y 变化，所以分析第二项，令：

$$f_{n,K} = \sum_{i=1}^{n_h}\frac{C_h}{2}w_i k\left(\left\|\frac{y-x_i}{h}\right\|^2\right) \quad (4-49)$$

要使式(4-47)最大，就是要求式(4-49)最大，可以计算式(4-49)的 Mean Shift 向量，从而得到候选区域中心 y_0 移向真实目标区域 y 的向量：

$$\boldsymbol{m}_{h,G}(y) = y - y_0 = \frac{\sum_{i=1}^{n_h}x_i w_i g\left(\left\|\frac{\hat{y}_0 - x_i}{h}\right\|^2\right)}{\sum_{i=1}^{n_h}w_i g\left(\left\|\frac{\hat{y}_0 - x_i}{h}\right\|^2\right)} - y_0 \quad (4-50)$$

其中，$g(x) = -k'(x)$，$\boldsymbol{m}_{h,G}$ 是目标中心从起始点 y_0 向 y 运动的向量。Mean Shift 跟踪算法可以概括如下。

步骤1：假设目标在当前帧中的中心位置为 y_0，计算目标模板的概率密度 $\hat{q}_u$；
步骤2：计算候选模板的概率密度 $\{\hat{p}_u(y_0)\}$ 和相关系数 $\rho(\hat{p}_u(y_0),\hat{q}_u)$；
步骤3：应用 Mean Shift 算法，计算新位置 y_1；
步骤4：计算 $\{\hat{p}_u(y_1)\}$ 和 $\rho(\hat{p}_u(y_1),\hat{q}_u)$；
步骤5：如果 $\rho[\hat{p}_u(\hat{y}_1),\hat{q}_u] < \rho[\hat{p}_u(\hat{y}_0),\hat{q}_u]$，令 $y_1 = \frac{1}{2}(y_0 + y_1)$；
步骤6：如果 $\|y_1 - y_0\| < \varepsilon$，停止，否则令 $y_0 = y_1$ 到步骤2。

4.2 多平台协同搜索与跟踪技术

4.2.1 多平台协同搜索

搜索是现代军事行动和民事救援中一项极为重要的任务。在落海人员营救、广域野外救援等活动中，如果不能在最短时间内发现落难人员，就难以实施有效的营救。而在时敏目标打击、重点区域巡查中，如果不能准确快速地找到目标，也就无法有效完成任务，本节简要介绍多平台协同搜索的基本问题和技术

原理。

4.2.1.1 基本思路

搜索问题是指为了发现所要寻找的目标,而考察目标所在区域的过程。在此过程中,直升机或无人机平台通过自身携带的机载传感器对搜索任务区域进行探测,并利用探测结果进行在线自主决策,生成安全的飞行航路。然而在搜索过程中除了受自身平台的限制外,还受到很多不确定因素,包括未知环境、目标以及突发障碍等的限制,使搜索问题变得尤为复杂。在面对复杂搜索任务时,单直升机或无人机平台搜索存在很多缺陷:一是搜索效率较低,二是搜索行动的鲁棒性较差,三是任务抗毁性较差。采用多平台协同搜索可以有效避免这些问题。

多平台协同搜索有两种模式:一种是固定编队与航线的模式,即 2 架以上的直升机或无人机组成固定形式的编队,以固定的航线实施侦察搜索任务,这种模式是单机搜索模式的简单扩展,对于提高搜索任务的完成效率有一定的贡献;另一种协同搜索模式是自由飞行的搜索模式,即各平台不固定航线和编队结构,以自由方式进行协同。这种搜索模式优势明显,但对飞行平台的协同控制与决策技术的要求也很高。

以多平台协同区域搜索为例,多平台协同搜索问题就是在单机搜索基础上,采用多架直升机或无人机协同方式,在特定的任务区域内同时对地面目标进行搜索。在搜索过程中各平台之间可以相互通信,每个平台需要利用自身获取的信息以及通过网络通信得到的其他平台的信息,进行分布式在线决策,同时考虑多平台之间的碰撞,要求为每个平台生成一条安全可行的飞行航路。具体定义为:在任务区域内存在N_T个潜在目标和N_M个已知威胁源,目标可能静止,也可能运动,运动规律未知。使用N_V个平台在该区域内进行自主协同搜索,在保证飞行安全的前提下,利用机载传感器搜索潜在目标,平台之间、平台与地面指控中枢之间有一定的信息交互能力,要求整体在规定的时间内以最小的代价发现尽可能多的目标,如图 4 - 13 所示。

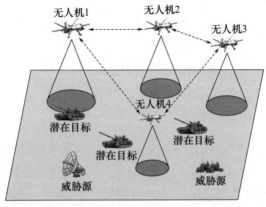

图 4 - 13 多平台协同搜索场景示意图

4.2.1.2 基本原理

多平台协同搜索过程,是一个单平台不断根据环境、目标和自身信息进行自主决策的过程。在每个时刻,平台获取当前环境和目标信息,结合集群的状态,根据一定的最优搜索策略进行自主决策,实时建立搜索飞行指令,控制平台按照期望的搜索策略飞行。在此过程中单机不断地观测并获取新的信息,调整搜索行为,重复以上观测、判断、决策和执行的过程,就形成了多平台协同搜索过程。按照协同搜索的信息处理过程,可以建立协同搜索的控制结构,如图 4-14 所示。协同搜索控制包括 4 个步骤:一是建立信息描述,通过观测和信息处理,建立对搜索问题的整体信息描述,并实时更新;二是预测可能行为,平台根据实时的任务态势,自主预测未来 T 时刻的可能飞行路径,以及在每一条路径上的代价函数;三是搜索行为决策,在 T 时刻内所有可能飞行路径中,解算使搜索效能达到最大的解,并通过优化计算,确定出搜索行为;四是执行搜索决策,根据最优决策在线生成航迹,控制平台按照期望的搜索策略飞行,实现整体的协同最优搜索。

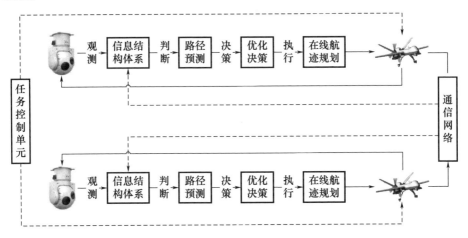

图 4-14 多平台协同搜索控制体系结构

实现上述协同搜索过程的关键是协同的搜索决策算法。目前关于协同搜索的学术研究已有很多,提出了多种有效的协同搜索决策算法。本节以一种算法为例,简要说明协同搜索决策的算法原理。通常可将搜索区域划分为若干个大小相同的搜索栅格,假设每个平台的任务载荷每次可以遍历一个栅格,即一次访问一个栅格。在每次访问时,平台要根据探测到的目标信息、环境信息,以及自身和其他协同平台的状态信息,建立对搜索任务的整体信息描述。这种描述可以是一个目标存在概率,也可以是一种综合的信息结构体,如有的研究将目标存在概率、环境不确定度和目标单元的信息素作为对搜索任务的信息描述。根据这些信息，需要建立对协同搜索问题的性能指标，可以包括环境搜索代价、目标发现代价和协同代价等因素，建立搜索性能指标：

$$J(X(k),U(k)) = \lambda_1 J_e + \lambda_2 J_t + \lambda_3 J_c \qquad (4-51)$$

式中 $X(k)$ 是协同搜索系统的状态变量；$U(k)$ 是期望得到关于平台搜索行为的决策序列；J_e 是环境搜索代价，用于描述平台在搜索过程中如何尽快降低环境的不确定程度；J_t 是目标发现代价，用于描述平台从当前位置飞到目标位置过程中，通过机载传感器发现目标的可能性；J_c 是协同代价，在协同搜索过程中，协同优化的目的就是要避免平台对某个栅格单元进行过度的重复探测，保证多平台协同搜索的效率；λ_1、λ_2、λ_3 对应为各项分指标的权重系数。

多平台协同搜索的目的就是希望在有限的时间内使整体的搜索效能达到最大。为此，可以在上述建模工作的基础上，将每个平台的协同搜索决策问题看作如下式描述的一个最优决策问题：

$$U_i^*(k) = \arg \max_{U_i(k)} J_i(X_i(k), X_{-i}(k), U_i(k), U_{-i}(k))$$

s. t.
$$\begin{cases} x_i(k+q) = f_i(x_i(k+q-1 \mid k), u_i(k+q-1 \mid k)) \\ \qquad\qquad x_i(k \mid k) = x_i(k) \\ \qquad x_i(k+q \mid k) \in \Xi \; i = 1, 2, \cdots, N_v \\ \qquad\qquad u_i(k+q \mid k) \in \Theta \\ \qquad\qquad x_i(k+N \mid k) \in \Xi_{if} \\ G(X_i(k), X_{-i}(k), U_i(k), U_{-i}(k)) \leq 0 \end{cases} \qquad (4-52)$$

其中，$x_v^i(k+1) = f_i(x_v^i(k), u_v^i(k))$ 是第 v_i 个平台的状态方程，Ξ 和 Θ 分别表示该平台的可行状态集和容许输入集，$G(X(k),U(k)) \leq 0$ 代表该平台搜索问题中的各类约束条件。每个决策周期内，通过求解上式描述的最优决策问题，即可获得下一时刻该平台的搜索行为序列 $u_v^i(k)$。

4.2.2 多无人机协同目标跟踪

4.2.2.1 基本思路

由于执行目标跟踪任务的危险性较高，因此在直升机/无人机武器协同态势感知场景中，通常由无人机来承担目标跟踪任务。而相较于单无人机目标跟踪，多无人机协同目标跟踪的一个优势是可以提高目标跟踪与定位的精度。在单架无人机远程跟踪目标时，由于传感器本身特性的局限和观测角度的限制，会产生较大的跟踪定位误差，甚至有可能遗漏或者丢失目标，如图4-15(a)所示。一种解决方案是使用2~3架无人机实施协同跟踪，方式是使这2~3架无人机以一定的角度和距离同时对指定的运动目标进行跟踪和定位。通常,在防区外远距离跟踪状态下,单无人机的机载传感器能够将目标位置确定在一个椭圆内,在协同跟踪状态下,使2~3架无人机围绕以目标为圆心的圆周运动,且各机之间保持固定的夹角。这样,每架无人机形成的跟踪椭圆就会以相同的中心相交,取其交集就会获得更高的跟踪定位精度,如图4-15(b)所示。

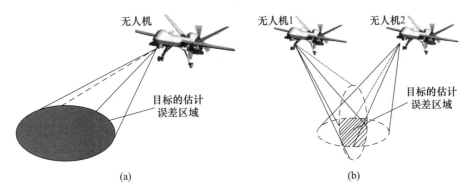

图4-15 单击跟踪与协同跟踪示意图

协同跟踪问题的核心是控制无人机严格以目标为圆心、保持确定的角度进行圆周形式的跟踪运动,从而确保各无人机所得的跟踪信息具有相同的中心。进而,可以通过融合这些无人机的跟踪信息,以获得更准确的跟踪和定位精度,为目标的定位和打击提供更为准确的信息。无人机协同跟踪控制的目的就是生成对无人机个体的控制指令,使无人机保持一定的夹角,并围绕目标做圆周运动。

4.2.2.2 基本原理

为简化问题,本节以双机协同跟踪为例,简要说明协同跟踪控制的基本原理。由于使两架无人机保持90°夹角,围绕以目标为圆心的圆周进行跟踪运动,即可获得对目标的高精度测向和测距,因此双机协同跟踪的控制目的就是根据任务要求、环境态势、目标信息以及其他无人机的信息,生成本机的控制指令,确保双机能够保持90°夹角,并围绕目标做期望形式的圆周运动。

双无人机的协同跟踪控制可分为两个回路,如图4-16所示。外回路是根据任务要求、态势信息等,由任务管理系统生成协同跟踪策略。协同跟踪控制的内回路是无人机本地的指令决策与控制回路,根据目标信息、外回路给出的协同跟踪策略等,产生无人机的飞行控制指令和载荷控制指令,以控制无人机在确保自身安全的前提下对目标进行跟踪,并将本机信息和探测信息通过机间通信链路反馈给其他无人机和任务管理系统。

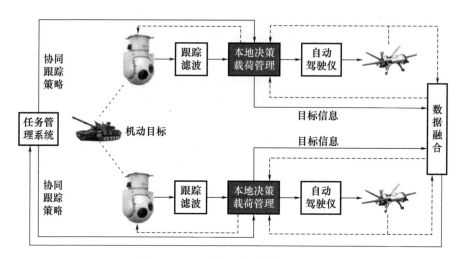

图 4-16 双无人机的协同跟踪控制

实现双机协同跟踪控制的关键是协同跟踪控制算法,该算法主要解决如何根据任务指令、环境态势、目标信息等产生无人机的控制指令,使无人机在确保自身安全的前提下,准确而快速地按照预期目标圆飞行,并保持要求的夹角。现有的跟踪算法有参考点制导法(RPG)、李雅普诺夫向量场法、模型预测控制方法等。下面以一种 RPG 控制方法为例说明双无人机协同跟踪控制原理。其中任务管理系统生成协同跟踪策略,无人机根据 RPG 控制策略实施跟踪,是跟踪算法的具体执行者。

RPG 跟踪控制方法的作用是为无人机生成跟踪飞行的控制指令,分为横侧向控制指令和纵向控制指令两部分。RPG 控制方法给出的横侧向控制规律为

$$\phi_c = \phi = \arctan\left(\frac{V\psi}{g}\right)$$

$$= \arctan\left[\left(\frac{2V_r^3}{Lg(V - T \cdot \cos(\psi - \psi_t))}\sin\eta\right) + \left(\frac{TV\sin(\psi - \psi_t)}{g(V - T \cdot \cos(\psi - \psi_t))}\right)\right] \quad (4-53)$$

式中 T 为目标速度,L 为无人机与参考点之间的连线向量,V 为无人机的速度,η 为无人机与目标的相对速度向量 V_r 与 L 的夹角,ψ 为 V 的方向,ψ_t 为 T 的方向,g 为重力加速度。纵向控制率的实质是通过改变无人机飞行速度的大小来改变其转弯角速率,从而完成无人机的相位角控制。此时无人机之间的几何关系如图 4-17 所示。

RPG 控制方法给出的相位角控制规律为

$$V_{c,i} = \sqrt{V_{r,i}^2 + T^2 - 2V_{r,i}T\sin(\theta_i - \psi_t)}, i = 1,2 \quad (4-54)$$

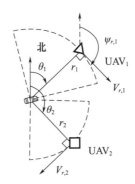

图 4-17 双机协同跟踪状态下的机间几何关系

4.3 多平台协同数据融合技术

4.3.1 数据融合概述

数据融合概念最早是由美国海军提出并开展研究的,当时需要对多个独立连续的声呐信号进行融合,以检测出某一海域中的敌方潜艇。此后,数据融合界一直致力于解决多传感器跟踪机动目标过程中的状态估计问题,包括位置、速度估计以及身份、属性估计。20 世纪 80 年代后,战争逐渐趋于立体化,加之空间武器和隐身技术的应用,使目标环境越来越复杂,对探测范围要求越来越广,对数据精度和时效性要求越来越高,导致战场上传感器的数量和种类空前增加,数据融合技术的地位越来越重要。因此,美军又进一步将数据融合向决策支持领域拓展,把态势估计和威胁估计也纳入其研究范畴。近 20 年来,数据融合已不再局限于军事应用,逐渐发展为多学科、多部门、多领域共同关心的共性关键技术,理论和应用研究都十分活跃。

融合系统可以使指挥员从海量信息处理的烦琐中解脱出来,依据融合系统提供的及时准确的战场情报和态势信息,提高指挥决策的及时性和正确性。总体来说,战场环境下的多平台多传感器数据融合作用可以归结为 3 个方面:减少不确定性、增加可靠性、改善可观测性,具体表现在以下 7 点。

(1) 支持战场空间感知范围的扩展。数据融合技术支持多传感器和多平台组网,实施协同探测与侦察,在通信手段保障的前提下能使战场空间感知范围扩展到陆、海、空、天、电磁等各领域。

(2) 支持战场空间感知的时间覆盖范围的扩展。通过对依赖于不同空间环境的侦测手段感知信息的融合,实现全维、全天候战场感知。

(3) 可改进平台和传感器的探测能力和对目标的识别水平。数据融合技术使得多平台多传感器对目标的联合检测协同跟踪成为可能,这对于尽早发现隐身目标和弱信号目标非常重要。多介质探测信息的融合则能提供更准确、完整的目标属性。

(4) 可提高合成信息的精度和可信度。融合算法使得融合信息在精度上高于任意的单一信息源,通过对不确定信息的融合,可大大提高目标信息的可信度。

(5) 能产生和维持共用/一致的战场态势。数据融合产生的估计态势和预测态势对指挥员进行态势判断和指挥决策至关重要。

(6) 能提高战场信息的使用效率,包括能摒弃大量冗余和无用的信息,把指挥员从战场信息的汪洋中解脱出来,战场融合情报和态势的分发能实现有用战场信息的充分共享。

(7) 能充分利用战场空间感知资源。数据融合的一项重要功能是从作战要求(指挥决策和火力打击)出发对信息感知与收集设备及融合处理过程进行反馈控制,包括对多平台协同工作的控制、传感器探测工作方式的控制、目标检测参数控制、融合判定(如关联判定、目标机动判定等)参数控制、态势与威胁估计中多元参数控制等。这就使战场感知资源和融合处理过程以最低的代价,最大限度地满足作战任务需求。

鉴于数据融合的应用范围非常广泛,一些术语常常被学术界用以限定问题的论域。例如,多传感器数据融合关注的往往是多个平台和传感器的数据处理问题。再如,多目标跟踪主要研究从传感器获得的量测实现对多个目标持续、精确的估计和预测,是战场态势感知技术中最重要的组成部分。随着数据融合应用层次的提高,侦察情报以及经处理过的非侦测情报、中长期情报等信息也参与融合,使信息融合一词用得比数据融合更普遍。

4.3.2 多平台协同数据融合模型

数据融合的定义和模型是学术界研究的首要问题。由于数据融合所研究内容的广泛性与多样性,要给出统一的或通用的概念非常困难,已给出的关于数据融合的定义都是功能性的。目前普遍认可和接受的数据融合模型是由美国国防部实验室联合领导机构(Joint Directors of Laboratories,JDL)提出的 JDL 融合模型。JDL 提出数据融合模型的目的是促进管理人员、理论工作者、设计人员、评估人员和数据融合技术用户之间的理解和交流,从而进行高性价比的系统设计、开发和运行。

JDL 模型自 1985 年被首次提出,从最初的三级模型逐步发展为当前的五级模型,其功能划分和各种术语也在不断地根据应用发展而调整。目前,多平台协同数据融合主要采用战场数据融合五级模型,该模型与军事背景结合紧密,在军事界被广泛认可,如图 4 – 18 所示。

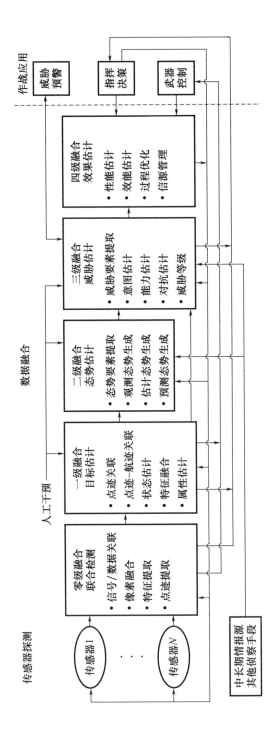

图4-18 多平台多传感器协同数据融合五级模型

图中，零级融合联合检测级的功能是对多平台多传感器（多介质、多频谱）原始量测信号（数据或图像）进行融合，以联合检测弱信号目标（隐身目标或机动目标）。

一级融合目标估计的主要功能包括状态估计和属性/身份识别。状态估计是直接在平台传感器的观测报告或测量点迹和传感器的状态估计基础上进行融合，是面向目标跟踪的融合，包括数据校准（即将各平台传感器的观测值变为公共坐标系，包括坐标变换、时间变换及单位变换等）、数据关联及目标跟踪。属性/身份识别的功能是对目标进行分类、表征和识别，是面向目标属性辨识的融合。

二级融合态势估计是依据一级融合获得的战场目标信息以及其他相关信息进行战场态势及其对敌、我有利程度估计的过程。JDL对态势估计的具体描述为：态势估计是建立关于作战活动、事件、时间、位置和兵力要素组织形式的一张视图，该视图将获得的所有战场力量的部署、活动和战场周围环境、作战意图及机动性有机结合起来，分析并确定发生的事件，估计敌方的兵力结构、使用特点，最终形成战场综合态势图。

三级融合威胁估计是建立在对象/目标状态、属性/身份估计以及态势估计基础上的更高层的信息融合技术。它依赖敌方的兵力作战/毁伤能力、作战企图，以及我方的防御能力，反映了敌方兵力对我方的威胁程度，其重点是定量估计敌方作战能力和敌我双方攻防对抗结果，并最终给出威胁程度的定量描述。

四级融合效果估计是指根据作战（指挥决策或武器/火力控制）对信息的要求，评估和反馈控制数据融合的多级处理过程，直至对平台、传感器和融合处理的优化控制，其目的是提高整个实时系统的性能。

4.3.3 多平台协同数据融合技术发展方向

多平台协同数据融合技术正在快速发展，目前研究力量主要集中在改进已有算法、开发新算法以及将这些技术与各种具体应用结合形成通用体系结构。

多平台协同数据融合模型中的一级融合是目前研究最成熟的部分，即运用多平台多传感器数据确定单个目标实体的位置、速度、属性和身份。但在密集杂波、密集目标、快速机动目标、复杂的信号传播环境等情况下，数据关联、误差配准、航迹关联等问题都很具有挑战性，如何提高目标跟踪性能仍然是学术界研究的重点。另一个棘手的问题是基于所观察的特征或属性进行自动目标识别。虽然有大量的模式识别技术可以用来完成这一任务，但是最终的成功取决于选择好的分类特征。在这个领域里，还需要进行更多的研究来指导特征的选择以及明确而具体地表达目标种类知识。

二级和三级融合（态势估计和威胁估计）研究还不够成熟，目前主要采用基于知识的方法,只有一些十分简单的模拟人类完成这些功能的认知模型,很少有鲁棒的、可操作的系统。研究的主要难点在于需要建立一种包含推理规则、框架、剧本的数据库,或者其他能表示有关态势估计和威胁估计知识的方法库。开发用以进行自动态势评估和威胁评估的可靠的、基于知识的大系统,还需要做许多研究工作。

四级融合用于评估和改善数据融合过程的性能和操作,使用的方法有些较为成熟,有些还不成熟。对于单平台单传感器的操作,已利用运筹学和控制理论开发出了一些有效的实用系统,它们甚至可用于复杂的传感器,如相控阵雷达。而在多平台多传感器、外部任务约束、动态观测环境和多目标的情况下,开发实用系统还有很大困难。到目前为止,如何对任务目标和约束进行建模和具体描述,如何在最优性能、有限资源(如计算能力、通信带宽)和其他影响因素之间取得平衡,仍然是需要深入研究的课题。

总而言之,多平台协同数据融合缺乏将理论研究成果转化为实际应用的方法,也缺乏精确的测试和评估方法。多平台协同数据融合研究领域必须坚持高标准的算法开发、测试和评估,创建标准测试案例库,系统地研发能满足实际应用需要的融合技术。与多平台协同数据融合有关的许多挑战和机遇决定了它是一个应用广泛的、活跃的研究领域。

第5章 直升机/无人机武器协同任务规划技术

直升机/无人机武器协同任务规划,一般是指根据上级下达的作战任务、直升机和无人机数量、任务载荷等要求,指定执行任务的直升机和无人机分队,再由无人机分队或已接管无人机控制权的直升机,对各架无人机进行任务分配,并据此制定飞行航线,在飞行过程中,通过控制无人机任务载荷,以完成目标侦察、监视、攻击、电子对抗和评估等战术任务,其中,任务分配、航路规划和攻击决策问题是目前研究的重点,本章将具体介绍解决这3个问题的基本思路和主要手段。

5.1 任务分配技术

5.1.1 任务分配的基本概念

战场中各飞行平台的任务分配过程,是指在给定作战单元种类和数量的前提下,基于一定的战场环境和任务要求,充分考虑平台及其载荷性能的不同,研究如何将合适的任务在合适的时间分配给合适的平台,从而为每个平台分配一个或一组有序任务(目标或空间任务点),实现代价(时间、航程等)最小化或效能最大化,使得单元作战的整体效率达到最优。

单个作战单元的使用在早期直升机或无人机作战运用中较为普遍,主要用于执行侦察、搜索、监视和评估等任务,其涉及的任务分配问题主要是多任务或多目标的时序分配问题。然而,随着战场环境的日益复杂以及无人机作战性能需求的提高,直升机/无人机的协同作战已成为必然,既可以通过编队成员之间的相互配合提高任务完成的质量,也可以通过任务的重新分配增加任务成功的概率,还可以通过任务的并行执行来缩短任务完成的时间等。目前,直升机/无人机武器协同作战主要用于协同侦察、对地攻击或电子对抗等任务,其涉及的任务分配问题则需要解决作战集群的多目标多任务分配,同时还需要考虑不同目标或任务类型之间的时序约束问题。

目前,国内外针对协同任务分配问题的研究工作主要集中于任务分配问题建模和优化算法两个方面,协同任务分配问题的一般处理流程如图5-1所示。

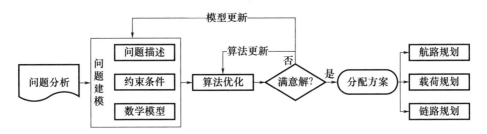

图 5-1 协同任务分配的基本流程

协同任务分配方案的优劣将直接影响到作战行动效率的高低,分配方案的制定首先要进行协同任务分配的问题分析以提取关键要素,同时还需要获取一些必要的信息和数据,比如地形、威胁分布、目标分布等战场环境信息以及飞行线路的预估计等;在问题分析的基础上完成问题建模,主要包括问题描述、约束条件和数学模型3个部分;在最终建立的数学模型基础上,根据模型的特点采用合适的优化算法进行求解,以获取最优解或次优、满意解,最终形成满足约束条件和目标函数的协同任务分配方案。

由于战场环境的复杂性和作战任务的多样性,以及集群编队规模的不同,协同任务分配问题的复杂度也随之变化,所建立的数学模型和优化算法也不相同。现阶段,协同任务分配中的一个典型问题,主要是多平台多任务目标分配问题,围绕该问题展开的研究较为充分,相关理论也较为成熟,可以较好地反映协同任务分配问题的基本求解思想。本节将以多平台多任务目标分配问题这一典型问题为例,介绍解决任务分配问题的基本思路和典型方法。

5.1.2 典型问题描述

在未来复杂多变的信息化战场环境下,单平台执行侦察和监视任务会面临许多问题,例如单架无人机完成大量待侦察目标所需时间会更长,时效性会受影响;一旦执行任务过程中出现故障或者被敌方击落,会导致任务失败;此外,单架无人机的侦察范围只能看到局部信息,有可能遗漏或者丢失目标。因此,未来空中作战单元应当成集群行动而不是单独行动,为了确保多个平台高效协同执行侦察任务,需要根据平台特性及其搭载的有效载荷性能,进行有效的任务分配,充分发挥每个平台的作用,满足侦察任务要求。

多平台协同执行多目标的侦察任务时,会根据所搭载有效载荷的不同(可见光传感器、红外传感器或SAR雷达等),执行不同的侦察任务,以多方位获取情报信息。该问题可具体描述如下:

假设有多个飞行平台 $U_i(U_i \in U, i=1,2,\cdots,N_U)$ 从某基地出发,前往多处执行侦察任务 $T_i \in T(i=1,\cdots,N_T)$。假定每个平台都要完成一项任务且仅为一项任务,而所搭载有效载荷的性能不同会使其侦察效果有所差异,且为获取决策判断所需的信息,对同一目标的侦察所耗费时间也不一样。求解各平台根据自身的不同侦察效能,合理地分配侦察目标,使总体侦察效果最佳、耗时最短的策略。

该问题可通过建立图表模型来描述各飞行平台执行不同侦察任务所需时间,如表 5 – 1 所示。其中,C_{ij} 表示平台 U_i 执行任务 T_j 需付出的时间代价。

表 5 – 1　各飞行平台执行不同侦察任务所需时间代价

平台	任务			
	T_1	T_2	T_j	T_n
U_1	C_{11}	C_{12}	C_{1j}	C_{1n}
U_2	C_{21}	C_{22}	C_{2j}	C_{2n}
U_i	C_{i1}	C_{i2}	C_{ij}	C_{in}
U_n	C_{n1}	C_{n2}	C_{nj}	C_{nn}

该问题的约束条件为:每个飞行平台执行一项任务,且所有任务都要完成。目标函数为:侦察任务的总体耗时最少。

5.1.3　典型问题解法

5.1.3.1　基本解法

从上一节中问题描述、约束条件和目标函数来看,本问题适合采用指派问题模型来解决。指派问题(Assignment Problem, AP)模型的一般描述是:有 n 个人和 n 项任务,已知第 i 个人做第 j 件事的代价为 C_{ij}(也称为效率矩阵或系数矩阵),如何确定人和事之间的一一对应的分配方案,使完成这 n 项任务的总体效果最好或耗时最少。

一般地,引入变量 x_{ij} 来描述给定任务的所处状态,即是否已分配给某人,变量的取值只能是 1 或者 0,并令:

$$x_{ij} = \begin{cases} 1, \text{当指派第 } i \text{ 人去完成第 } j \text{ 项任务} \\ 0, \text{当不指派 } i \text{ 人去完成第 } j \text{ 项任务} \end{cases} \quad (5-1)$$

当问题需要取极小值时,数学模型为

$$\min z = \sum_{i=1}^{n} \sum_{j=1}^{n} C_{ij} x_{ij} \quad (1)$$

$$\begin{cases} \sum_{i=1}^{n} x_{ij} = 1, j = 1, 2, \cdots, n & (2) \\ \sum_{j=1}^{n} x_{ij} = 1, i = 1, 2, \cdots, n & (3) \\ x_{ij} = 0 \text{ 或 } 1, i, j = 1, 2, \cdots, n & (4) \end{cases} \quad (5-2)$$

其中,约束条件(2)说明第 j 项任务只能由 1 人完成,约束条件(3)说明第 i 人只能完成 1 项任务。满足约束条件(2)~(4)的可行解 x_{ij} 也可写成表格或矩阵形式,成为解矩阵,即

$$\boldsymbol{X} = (x_{ij})_{n \times n} = \begin{bmatrix} x_{11} & x_{12} & \cdots & x_{1n} \\ x_{21} & x_{22} & \cdots & x_{2n} \\ \vdots & \vdots & & \vdots \\ x_{n1} & x_{n2} & \cdots & x_{nn} \end{bmatrix} \quad (5-3)$$

作为可行解,矩阵的每列元素中都有且只有一个 1,以满足约束条件(3)。每行元素中也有且只有一个 1,以满足约束条件(2)。

指派问题是 0-1 规划问题的特例,当然可以用 0-1 整数规划来求解,但很不划算,利用指派问题的特点可以有更简便的方法。指派问题的最优解有这样的性质:若从系数矩阵 $\boldsymbol{C}_{ij}$ 的一行(列)各元素中分别减去该行(列)中的最小元素,得到新的矩阵 $\boldsymbol{B}_{ij}$,那么以 $\boldsymbol{B}_{ij}$ 为系数矩阵和原来系数矩阵所得到的最优解相同。

库恩 1955 年提出了指派问题的解法,引用了匈牙利数学家康尼格一个关于矩阵中 0 元素的定理:若矩阵 $\boldsymbol{A}$ 中元素可以分为"0"与"非 0"的两部分,则覆盖"0"元素最少直线数等于独立"0"元素(位于不同行不同列)的最大个数。这一解法也被称为匈牙利法。匈牙利法的实现步骤如下。

第 1 步:对系数矩阵 $\boldsymbol{C}_{ij}$ 进行变换,在各行各列中都出现 0 元素。

(1) 从系数矩阵的每行元素减去该行的最小元素;

(2) 再从所得系数矩阵的每列元素中减去该列中的最小元素,若某行(列)已有 0 元素,则不必再减了。

第 2 步:进行试指派,以寻求最优解。经过第 1 步以后,系数矩阵中每行每列中都有 0 元素,但需找出 n 个独立的 0 元素。若能找出,就以这些独立的 0 元素对应解矩阵 x_{ij} 中的元素 1,其余元素均为 0,这就得到最优解。当 n 较小时,可用观察法、试探法找出独立的 0 元素,若 n 较大时,就必须按一定的步骤去找,一般的步骤如下。

(1) 从只有一个 0 元素的行(列)开始,给这个 0 元素加圈,记为 ◎。这表示对这行所代表的人,只有一种任务可指派。然后划去 ◎ 所在的列(行)的其他 0 元素,并记为 φ。这表示该列所代表的任务已指派完,不必再考虑别人了。

(2) 给只有一个 0 元素列(行)的 0 元素加圈,记为 ◎。然后划去所在行的 0 元素,并记为 φ。

(3) 反复进行(1)、(2)两步,直到所有 0 元素都被圈出和划掉为止。

(4) 若仍有没有画圈的 0 元素,且同行(列)的 0 元素至少有两个(表示可

以从这两个任务中指派一个出去)。这可用不同的方案去试探。从其他 0 元素最少的行(列)开始,比较各 0 元素所在列中 0 元素的数目,选择数目最少的列,并将该行中对应该列的 0 元素加圈(表示选择性多的要"礼让"选择性少的)。然后划掉同行同列的其他 0 元素。可反复进行,直到所有 0 元素都已圈出和划掉为止。

(5) 若◎元素的数目 m 等于矩阵的阶数 n,则已获得问题的最优解。否则,转入第 2 步重新开始,反复进行,直到找到最优解为止。

5.1.3.2 典型算例

假设已知多个飞行平台 $U_i(U_i \in U, i = 1,2,3,4)$ 从某基地出发,针对多目标执行侦察和监视任务 $T_j \in T(j = 1,2,3,4)$,由于载荷的性能差异,各平台要搜集足够的情报所需时间代价 C_{ij} 如表 5-2 所示,每个平台都要完成一项任务且仅为一项任务,不考虑平台飞往各地所需的时间,问如何给各平台分配任务,以确保总体效率最高、耗时最少?

表 5-2 多平台执行多任务目标所需时间代价(单位:小时)

平台	任务			
	T_1	T_2	T_3	T_4
U_1	2	15	13	4
U_2	10	4	14	15
U_3	9	14	16	13
U_4	7	8	11	9

下面采用匈牙利算法求解。

第 1 步:变换系数矩阵 C_{ij},在各行各列中都出现 0 元素:

$$(c_{ij}) = \begin{bmatrix} 2 & 15 & 13 & 4 \\ 10 & 4 & 14 & 15 \\ 9 & 14 & 16 & 13 \\ 7 & 8 & 11 & 9 \end{bmatrix} \begin{matrix} 2 \\ 4 \\ 9 \\ 7 \end{matrix} \rightarrow \begin{bmatrix} 0 & 13 & 11 & 2 \\ 6 & 0 & 10 & 11 \\ 0 & 5 & 7 & 4 \\ 0 & 1 & 4 & 2 \end{bmatrix} \rightarrow \begin{bmatrix} 0 & 13 & 7 & 0 \\ 6 & 0 & 6 & 9 \\ 0 & 5 & 3 & 2 \\ 0 & 1 & 0 & 0 \end{bmatrix} = (b_{ij})$$
$$\qquad\qquad\qquad\qquad\qquad\qquad 4 \quad 2 \quad \min \qquad\qquad\qquad (5-4)$$

第 2 步:进行试指派。按步骤(1),先给 b_{22} 加圈,然后给 b_{31} 加圈,划掉 b_{11}、b_{41};按步骤(2),给 b_{43} 加圈,划掉 b_{44},最后给 b_{14} 加圈,得到:

$$\begin{bmatrix} \Phi & 13 & 7 & \odot \\ 6 & \odot & 6 & 9 \\ \odot & 5 & 3 & 2 \\ \Phi & 1 & \odot & \Phi \end{bmatrix} \qquad (5-5)$$

此时有，$m=n=4$，所以已获得最优解，将上述矩阵处 ◎ 替换为 1，其余均置为 0，最优解为

$$(x_{ij}) = \begin{bmatrix} 0 & 0 & 0 & 1 \\ 0 & 1 & 0 & 0 \\ 1 & 0 & 0 & 0 \\ 0 & 0 & 1 & 0 \end{bmatrix} \quad (5-6)$$

这表示，各平台与各任务的指派对应关系为：$U_1 \to T_4, U_2 \to T_2, U_3 \to T_1, U_4 \to T_3$，且所需总时间最少 $\min z = \sum_{i=1}^{n} \sum_{j=1}^{n} c_{ij} x_{ij} = c_{31} + c_{22} + c_{43} + c_{14} = 28$。

5.2 协同航路规划技术

在实际军事应用中，通常需要同时使用多架直升机或无人机从不同方向对同一目标或多个目标同时进行攻击，或者对单个和多个目标按某种时间序列发动准时打击，从而达到最佳作战效果。这时，如何为每一个飞行作战单元生成有效的航路，并协调各单元的到达时间，是有效完成作战任务的前提条件之一。

5.2.1 协同航路规划的基本原则

多平台协同航路规划问题远比为单平台生成多条航路要复杂，其主要特点表现为：

（1）从航路特点看，单平台航路规划生成一条或多条航路，其起始点和目标点都相同，而多平台协同航路规划，不同平台的起点与目标点并不一定相同；

（2）从任务特点看，多平台协同航路规划大都针对复杂的动态战场，一般要求在线实时航路规划，对算法的时间效率要求高；

（3）从时域约束看，多平台协同航路规划的约束条件不仅要考虑单机的物理性能和单个平台的任务需求，还要将各平台之间的协同与合作关系考虑进来，要满足各平台之间的协作性要求，其中包括必须按预定时间到达目标，即时域协同要求，如同时到达攻击点，或贯序到达某一区域；

（4）从空域约束看，多平台协同航路规划不仅要求每个平台避开已知的静态威胁，还应避免相互之间在空中发生碰撞，即空域协同要求，例如要求满足机间最小安全距离约束；

（5）从规划实施看，多平台协同航路规划涉及多架飞机、多个异地分布的作战单元之间的沟通和协调，其组织实施过程更为复杂。

多平台协同航路规划要求根据任务约束条件、平台性能以及战场环境等因素同时为多个平台设计完成任务的多条飞行航路，并满足多平台在时间和空间

上的协同关系。多平台协同航路规划的根本目的是为每个飞行平台生成一条满足约束的航路,使它们能够同时或按一定时间间隔抵达各自目标位置,并尽量提高空中集群的整体生存概率和作战效能。这样生成的航路对于单个平台来说不一定是最优的,但对于整个空中集群来说,却必须是最优的或近似最优的。

5.2.2 协同航路规划的基本思路

以同时到达的协同航路规划问题为例,如图 5-2 所示,两个飞行平台编队实施同步攻击,图中虚线为预先规划好的航路,以保证两架飞机有相同的预计到达时间(Estimated Time of Arrival,ETA),使得它们同时到达目标点。无人机 1 和无人机 2 沿各自的航路飞行,当无人机 2 探测到新的威胁时,当前的航路已不再是最优的(无人机 2 可能被击毁)。此时必须重新计算编队协同飞行时间 ETA,并需要重新规划航路。图中实线为新生成的航路,它们保证整个编队具有新的 ETA。显然,新航路对于无人机 1 来说是次优的,但对于整个编队来说,新航路使得整个编队都能安全、同时到达目标点,实施同步攻击。

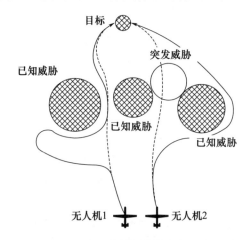

图 5-2 多平台协同航路规划示意图

多平台协同航路规划的实质是一个带约束的优化问题,目标是规划满足某种综合性能指标最优的飞行航路,其评价指标与单平台航路规划的性能指标类似,比如可以综合包括完成规定任务的安全性指标、燃油性能指标(航程)、协同性能指标等。

多机协同的要求在约束上主要表现为空域协同约束和时域协同约束。空域协同约束在避开障碍、威胁的情况下,还要避免相互碰撞,同时还要满足编队的形态要求及协同任务下的空间位置关系;时域协同约束通常要求按指定的时间或顺序到达预定的空间位置。协同规划的难点在于:

（1）单机最优航路的集合不能代表整体航路的最优,各条航路之间的改善必须是同步的,航路个体在改善自身性能(如生存概率)的同时,不能破坏整体的协同性；

（2）时间约束与空间约束之间存在耦合关系,例如可以通过时间调配来避开空间冲突,也可以通过空间调配来达到时间协同要求,两者之间存在不可割裂的密切关系。

目前,多平台协同航路规划问题仍然是学术界研究的热点,国内外学者们给出了许多建模和求解方法,但大多方法一般都局限于一定的问题背景和适用条件,因此这方面的研究仍然存在广阔的空间。同时多平台协同问题的研究和解决,与认知科学、人工智能等领域的研究进展存在着密切的联系。

5.3 协同攻击决策技术

协同攻击决策是直升机/无人机完成武器协同攻击任务的重要环节,该环节主要是完成目标探测、信息处理、传感器管理、任务规划、航路管理、战场态势评估、火控攻击解算、战术管理、武器管理、数据链通信等各类与攻击任务相关的综合管理过程。目前,针对协同攻击决策技术的研究还不是很多,但是其中部分关键技术已得到一定的研究和发展。本节将对直升机/无人机武器协同攻击决策问题进行探讨。

5.3.1 直升机/无人机协同空战攻击决策

直升机/无人机编队协同攻击决策问题是直升机/无人机协同作战的重要研究内容之一,其目的是在满足各项战术和技术指标的前提下,将不同位置、价值和威胁程度的目标合理地分配给不同的无人机进行打击,并对无人机进行编队和路径规划,使得整个直升机/无人机编队的整体作战收益最大,代价最小。协同攻击决策是一个约束众多而复杂的优化问题,其解空间随武器总数和任务总数的增加而呈指数级增加,使其成为一个多参数、多约束的 NP 问题(Non-deterministic Polynomial Problem,多项式复杂程度的非确定性问题)。

针对直升机/无人机编队协同空战特点,综合考虑以上存在的部分问题,可采用基于合同网协议的任务分配算法,建立直升机/无人机编队协同任务分配算法和攻击决策,考虑任务优先权的影响,能够解决预先任务分配和任务执行过程中随机出现的新任务的实时分配,从而使无人机对目标进行实时攻击。

合同网是 Smith 于 1980 年在研究分布式问题求解过程中提出来的,是分布式控制中常用的协商策略。合同网模型中的节点可以分为:

（1）管理者。任务的拥有者,负责任务的分配和管理。

(2) 投标者。有能力完成任务的节点,就所分配的任务参与竞标。

(3) 中标者。最后竞标的成功者,负责完成任务。

合同网的基本思想是将任务的分配通过节点之间的招投标过程实现,将协商引入管理者和投标者的双向选择过程中。当管理者有任务需要其他节点帮助解决时,它就向其他节点广播有关该任务信息,即发出任务通告(招标),接到招标的节点则检查自己对解决该问题的相关能力,然后发出自己的投标值并使自己成为投标者,最后由管理者评估这些投标值并选出最合适的中标者授予任务。在招投标过程中,利用通信机制对每个任务的分配进行协商,避免资源、知识等的冲突,即节点之间通过招标—投标—中标这一市场投标机制进行任务分配,使系统以较低的代价、较高的质量完成分布式任务。基于合同网协议的任务分配和攻击决策过程如图 5-3 所示。

图 5-3 基于合同网的直升机/无人机武器协同攻击决策过程

所有无人机均为投标者,各无人机在空战过程中搜索目标,并搜集战场信息与直升机进行信息交换。直升机可视为管理者,处理各无人机所传信息,并对目标进行分配,最后分配到目标的无人机为中标者,中标者分配得到攻击目标的任务对目标实施攻击。

5.3.2 直升机/无人机协同对地攻击决策

直升机/无人机协同对地攻击,与直升机/无人机协同对空攻击基本相同,只是在对地攻击过程中,目标的搜索和跟踪更加复杂和困难。因此,直升机需要处理更多的信息,进行目标识别和对目标进行分配,然后协同控制无人机对目标进行攻击,其攻击决策过程与直升机/无人机协同对空攻击决策过程相同。

5.3.3 多无人机协同空战攻击决策

未来空战将不是单机对单机的战斗,而是机群对机群的对抗。在众多敌机(目标)和我机参战的情况下,如何合理地把作战空域和目标分配给每一架无人机,并且根据当时的战术态势,排列好每一架无人机攻击目标的顺序,对充分地发挥我机作战效能,提高我机生存力,有效地杀伤敌机具有十分重要的意义。

通常,多机协同攻击多个目标的目标分配原则是,既有利于提高杀伤概率,又要避免重复攻击和遗漏。目标分配分为初步分配和全面分配,目标优先权分为自主优先权和协同优先权,在计算目标优先权的基础上进行攻击排序。

5.3.3.1 自主优先权的计算

自主优先权是在没有友机信息支援的条件下,无人机依靠自身携带的传感器获得的信息,根据优先权准则计算的,它是计算协同优先权的前提条件。自主优先权考虑的因素有目标识别、无人机的作战任务、首先投入的武器、敌机的威胁判断、杀伤评估结果、相对几何条件、无人机自身状态等。为简化起见,可只考虑相对几何条件,并且假设投入战斗的武器是具有多目标攻击能力的主动雷达型空空导弹。目标相对我机几何条件包括目标距离、距离变化率、目标进入角和载机指向误差角等。

5.3.3.2 协同优先权的计算

协同优先权是描述各个相互协同的无人机对目标的配对要求,其主要输出是给每架协同作战的无人机初步分配跟踪的目标。目标初步分配的主要因素是相对自主发射优先权、每架无人机剩余的导弹数、杀伤每个目标需要的导弹数、交战几何关系、分配重复最小等。相对自主发射优先权用以确定每架协同作战无人机与目标之间的相对重要性,以及相对正被考虑的其他跟踪目标的重要性。机上剩余导弹数用于确定是否具有对付某一指定目标或一组目标的足够武器。交战几何条件用来将目标划分群集,以避免将方位和俯仰上过于分散的目标分配在一组。

协同优先权算法的另一输出是对每架无人机所分配的目标进行攻击排序,向决策者提供一个推荐的发射顺序。这个排序是在与初始分配相同的基础上进行的,对所有协同作战的无人机来说,目标分配的整体重复数可减至最少。计算出的发射顺序,可将全部跟踪的目标计算在内。协同优先权的计算一般分为两步进行,即初始分配和全面分配。

5.3.4 多无人机协同对地攻击决策

5.3.4.1 多无人机协同对地攻击决策类型

多无人机协同对地作战时必须首先进行战术决策,编队内每架无人机获取信息并且进行信息的交换是协同战术决策的前提,编队无人机之间的通信方式也与编队无人机战术决策类型密切相关。编队无人机战术决策及相互通信的方式有:

(1) 长机决策型。各僚机只与长机通信,向长机传送战术数据,长机向各僚机传送战术指令和战术决策数据,即各僚机始终在长机的统一指挥下协同作战,僚机之间不进行战术数据的交换,协同作战的战术决策一般由长机做出并下达给各个僚机。这与集中式体系结构相对应。

(2) 长机决策和僚机辅助决策型。各个僚机向长机传送战术数据,同时僚机之间也相互进行战术数据的交换和传送,长机和僚机同时进行协同作战战术决策,决策结果相互通报,僚机的结果需要得到长机的同意。这与集散式体系结构基本对应。

这两种方式各有其优缺点:前者有利于作战时的统一指挥,战场数据通信量较后者要少,但不能充分发挥各无人机的主动性;后者有利于发挥各无人机的主动性,但信息通信量较大,容易遗失信息,对无人机的要求比较高。直升机/无人机混合编队实施协同攻击时,可以选用长机决策型,即直升机作为长机,各无人机作为僚机。各无人机向直升机传递信息,直升机对得到的多源信息进行综合处理,完成协同攻击的战术决策及任务规划,并将决策及规划结果传送给每架无人机,并由无人机完成对目标的最终攻击以及攻击后的攻击效果评价。

5.3.4.2 多无人机协同对地攻击决策过程

整个无人机编队对地决策过程可以构成一个目标环,它是由目标和制导阶段、目标发展阶段、武器化阶段、武器应用阶段、任务/武器执行阶段和作战评估阶段组成的循环过程,如图5-4所示。

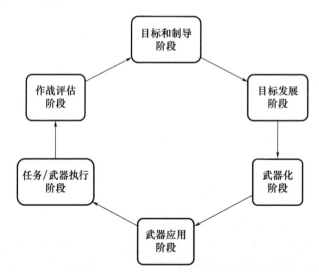

图5-4 多无人机协同对地攻击决策目标环

在目标和制导阶段,长机确定攻击目标以及攻击条件;在目标发展阶段,通过分析敌方军事、政治和经济系统来选定关键目标和目的点;武器化阶段,是通过分析目标的特征以及间接毁伤来选择最优的武器和投放平台来获取最佳的杀伤效果;武器应用阶段,对应武器和平台选择目标点以及投放精度等;任务/武器执行阶段,生成任务操作数据,完成攻击任务;作战评估阶段,使目标环形成封闭环,使决策者进入下一次循环。

5.3.4.3 多无人机协同对地攻击决策模型

编队对地攻击的智能决策问题是多无人机协同对地攻击的核心问题,正确的决策也是任务成功的前提和基础。战术决策系统应满足实时性、正确性、完备性和可扩充性要求。

典型的多无人机协同对地攻击结构如图5-5所示。

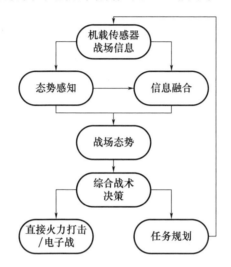

图5-5 多无人机协同对地攻击结构

综合战术决策的基础是由机载传感器、地面雷达、预警机等数据链节点所获取的战场信息,通过信息融合、战场态势评估,使决策者做出相应的战术决策,控制各无人机任务重规划,对新的战场态势重新进行实时感知,以达到对目标攻击的条件,最终对目标实行攻击。

第6章 直升机/无人机武器协同攻击技术

无人机以其成本低廉、无人驾驶等优势,在摧毁打击任务中的角色地位越来越重要,而直升机也有其不可替代的现场决策准确、迅速等优势。因此在未来战场中,结合直升机、无人机各自的优势,运用直升机/无人机武器协同攻击战法将会越来越频繁。本章围绕着直升机/无人机武器协同攻击技术,重点讨论协同攻击制导、协同攻击武器运用和协同攻击模式等问题。

6.1 直升机/无人机协同攻击制导技术

6.1.1 导弹制导的基本原理

导弹是用于攻击指定目标的飞行器,必须要有能力准确地飞向目标,并与其在有效的杀伤半径内相遇或相撞。导弹制导控制系统的任务就是引导导弹克服各种干扰因素,按照确定的规律和要求自主准确地飞向目标。通常,导弹制导控制系统可划分为制导子系统和控制子系统两大部分,如图6-1所示,是一种由弹上设备探测目标并形成制导指令的制导控制系统原理图。

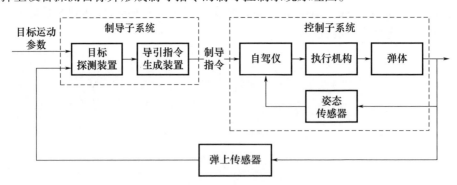

图6-1 导弹制导控制原理示意图

制导子系统由目标探测装置和制导指令生成装置组成,其功能是测量导弹相对目标的位置或速度,按预定规律形成制导指令,通过控制系统使导弹沿着适当的弹道飞行,直至命中目标。控制子系统由敏感装置、计算装置和执行机构组成,其功用是控制导弹的姿态和飞行速度,改变导弹的飞行弹道,保证导弹能稳定地飞行并最终命中目标。对于实际的导弹装备,控制子系统就是自动驾驶仪,制导子系统被称为制导系统。

导弹的制导方式与目标特点、目标的可探测特征、导弹的任务需求、作战使用方式等有着密切的关系,这造就了导弹家族丰富的制导方式。如巡航导弹具有中制导和末制导两种不同的制导阶段和需求,其制导方式和制导精度都有所区别。中制导主要保证巡航导弹能够按照正确的航线飞向目标/目标区,主要使用惯性制导、GPS 制导、地形匹配制导等方式。末制导是要保证巡航导弹能够准确击中目标,主要使用 GPS 制导、电视制导等方式。空空导弹针对的目标是空中的飞行器,使用红外制导体制是最为有效和普遍的。早期的弹道导弹对中、末制导没有要求,也不采取手段,但随着现代反导技术的发展和突防要求的提高,末端机动成为弹道导弹提高突防能力的重要手段,从而也对其末端制导技术提出了新的要求。

6.1.2 常用的导弹制导技术

根据制导系统中目标探测或信息获取环节的技术原理不同,可将导弹的制导方式分为自主制导、遥控制导、寻的制导和复合制导四大类,如图 6-2 所示。自主制导具体划分为程序制导(标准航迹制导)、卫星制导、惯性制导、地图匹配制导、天文制导等方式。遥控制导可分为遥控指令制导和波束制导两大类,遥控指令制导根据遥控指令的生成方式又可分为无线电遥控指令制导、光学遥控指令制导和直接遥控指令制导三种形式。寻的制导根据被探测的特征能量物理特性的不同,可分为雷达寻的制导、红外寻的制导、电视寻的制导和激光寻的制导等方式。复合制导是两种以上其他制导方式的组合使用,也是目前导弹普遍采用的制导方式。

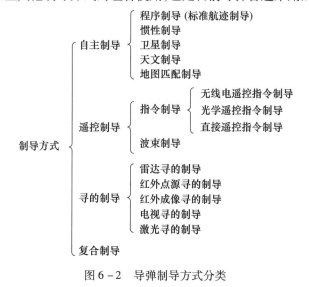

图 6-2 导弹制导方式分类

6.1.2.1 自主制导技术

自主制导是指仅由机载制导设备根据感知装置测得的导弹位置等信息,按照一定的制导律解算形成飞行控制指令的一种制导技术。根据感知设备工作原理的不同,自主制导可分为程序制导、惯性制导、卫星制导、天文制导和地形匹配制导等方式。采用自主制导方式的导弹在整个飞行过程中基本不需要与地面指挥站联系,因而隐蔽性较好。

程序制导是根据预选设定的飞行航线,或是标准航迹,结合导弹的实时状态信息形成导弹飞行控制指令的制导方式。

惯性制导是利用导弹上的惯性导航系统测量出的导弹实时位置和速度等信息,在给定的初始运动条件下,按照预定的制导律形成飞行控制指令的制导方式。

卫星制导就是利用卫星导航系统给出的导弹在空间的实时位置和速度等信息,按照一定的制导律形成飞行控制指令的制导方式。

天文制导就是利用天体量测装置(星光跟踪器、空间六分仪等)对星体的观测和星体在天空的固有运动规律提供的信息来确定导弹在空间的运动参数,控制导弹飞行的一种自主制导方式。

地图匹配制导是利用地图信息及图像识别技术进行制导的一种自主制导方式。地图匹配制导有两种:地形匹配制导和景象匹配制导,分别利用地形信息和景象信息进行制导。地形匹配制导是以某一已知地区地形特征为标志,根据导弹飞行过程中实测地形特征和预先获取的地形特征,用最佳匹配算法进行相关处理,并取得制导信息的一种地图匹配制导,常见的有地形等高线匹配制导。系统主要由雷达高度表、气压高度表、制导计算机及地形数据库等组成。景象匹配制导是利用机载设备上的传感器获得目标区景物图像或导弹飞向目标沿途景物图像,并与预存的基准图进行配准比较,获得制导信息的一种地图匹配制导技术,主要由传感器、处理机、制导计算机等组成。景象匹配制导系统的制导精度高于地形匹配制导系统一个数量级,圆概率偏差为米量级,主要用于导弹的末段制导。

6.1.2.2 遥控制导技术

遥控制导是指由载机(或其他载体)向导弹发出引导信息,将导弹引向目标的一种制导技术。遥控制导系统分为波束引导与指令控制两大类。无线电指令制导常用于有人机近距离导引系统中,与其他制导方法相比,它是最早开始应用也是最直接的一种制导方法。遥控制导的特点是作用距离较远,受天气的影响较小,机上制导设备简单,精度较高,但是易受外界无线电的干扰,且随着制导距离的增加而使精度迅速下降。遥控制导系统主要由导引头探测装置、引导指令形成装置、指令传输和导弹飞行控制系统等组成,图6-3是遥控指令制导的示意图,图6-4是波束引导指令制导的示意图。

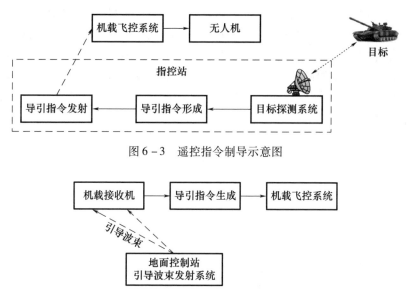

图6-3 遥控指令制导示意图

图6-4 波束引导指令制导示意图

遥控指令制导系统中,由机载导引设备同时测量目标、导弹的位置和其他运动参数,并在机载端形成制导指令,通过无线电传送至导弹,导弹上控制系统执行载机发出的指令,操纵导弹飞向目标。当导弹工作在指令控制方式下时,均采用遥控指令制导。波束制导系统中,载机发出无线电波束,无人机在波束内飞行,弹载设备感受导弹偏离波束重心的方向和距离,并产生相应的控制指令,控制系统操纵导弹飞行。该制导方式多用于导弹的下滑段,称为下滑波束引导系统。

波束制导和遥控指令制导虽然都由导弹之外的制动设备引导飞行,但波束制导中载机的波束只给出导弹的方位信息,控制指令由在波束中飞行的导弹感受其在波束中的位置偏差自动生成,使导弹保持在波束中心飞行。而遥控指令制导系统中的控制指令,是由载机根据导弹、目标的位置等相关参数形成,通过无线电链路发送给导弹的。

6.1.2.3 寻的制导技术

寻的制导是利用装在导弹上的导引头接收目标辐射的或反辐射的某种特征能量,确定目标和导弹的相对位置,进而按照预设的制导律形成控制指令,自动将导弹导向目标的制导技术。寻的制导是导弹实现对运动目标的精确自动跟踪、精确打击的重要技术基础。

1) 寻的制导的方式

按照获取目标特征能量的方式不同,寻的制导可分为主动、半主动和被动等三种方式,如图6-5所示。主动寻的制导是指导弹上装有主动导引头,该导引头上装有探测信号发射机,发射机主动发射探测信号对目标进行照射,照射信号由目标反射后被导弹上的导引头接收,输出制导律要求的信号。经处理计算形成控制指令,导引导弹飞行并完成对目标的攻击。半主动寻的制导是指目标照射信号由导弹之外的照射源发出,导弹上的导引头仅接收目标反射信号,输出制导需要的信息,并按照制导律形成控制指令。被动寻的制导系统中,不用专门的设备和波束对目标进行照射。它是由导弹上的导引头接收目标本身辐射的能量或自然界的电磁波在目标上的反射能量,输出制导律要求的信息,进而形成控制指令的制导方式。按照能源的物理特性不同,寻的制导又可分为雷达制导、红外制导、电视制导、激光制导等方式。

图6-5 主动、半主动和被动寻的制导示意图

2) 雷达寻的制导

雷达寻的制导也叫无线电寻的制导,它是利用装在导弹上的探测雷达发射探测电磁波,弹载导引头接收目标辐射或反射的无线电波,实现对目标的跟踪并形成制导指令,控制导弹飞向目标的一种导引方法。无线电寻的制导系统工作时,需要接收目标辐射或反射的无线电波。这种无线电波,可以是由导弹上的探测设备发射的电波经目标反射的,也可以是由其他地方的雷达发射经目标反射的,或者由目标直接辐射的。根据目标信息来源的位置不同,无线电寻的制导可分为主动式寻的制导、半主动式寻的制导和被动式寻的制导三种。

采用主动式雷达寻的制导的导弹上装有探测装置。弹载探测装置主动向目标发射无线电波。制导系统根据目标反射回来的电波,确定目标的坐标及运动参数,形成控制信号,送给导弹上的飞行控制系统,控制导弹飞向目标。此制导方式的优点是制导过程不需要外部设备提供任何能量或信息,可做到"发射后不管"。缺点是导弹上需安装复杂的探测设备,增加了重量,工作的隐蔽性不好。

半主动式雷达寻的制导指雷达发射机装在飞机(或地面、舰艇)上,雷达发射机向目标发射无线电波,而装在导弹上的导引头接收目标反射的电波确定目标的坐标及运动参数后,形成控制信号,输送给导弹飞行控制系统,操纵导弹准确飞向目标。这种方式的优点是导弹上的设备需求简单,工作隐蔽性好。缺点是攻击目标前的整个飞行过程需要依靠外部照射源,必须始终"照射"目标,易受到干扰。

被动式雷达寻的制导是利用目标自身辐射的无线电波进行工作的。导弹上的导引头用来接收目标辐射的无线电波。在导引过程中,寻的制导系统根据目标辐射的无线电波,确定目标的坐标及运动参数,形成控制信号,确保导弹准确飞向目标。被动式寻的制导的优点是不易被目标发现,工作隐蔽性好。主要缺点是它只能攻击正在辐射能量的目标,若目标关机,则会束手无策。由于受到目标辐射能量限制,作用距离比较近。

3)红外点源寻的制导

红外寻的制导是利用目标辐射的红外线作为探测与跟踪信号源的一种被动式寻的制导。它是把所探测与跟踪到的目标辐射的红外线作为点光源处理,故称为红外点源寻的制导,或称红外非成像寻的制导。红外点源寻的制导利用安装在导弹上的红外导引头接收目标红外线辐射能量,通过光电转换和滤波处理,把目标从背景中识别出来,自动探测、识别和跟踪目标,引导导弹飞向目标。不同的目标和背景的温度不同,它们辐射的红外特性就不同。如人体和地面背景温度为300K左右,最大辐射波长为 $9.7\mu m$。涡轮喷气发动机热尾管的有效温度为900K,最大辐射波长为 $3.2\mu m$。红外寻的制导系统正是根据目标和背景红外辐射能量的不同,把目标从背景中区分出来的。

红外寻的制导的主要优点:一是制导精度高,不受无线电干扰的影响;二是可采用被动寻的工作方式,"发射后不管",攻击隐蔽性好。红外寻的制导的缺点:一是受气候影响大,不能全天候运用,雨、雾天气红外辐射被大气吸收和衰减的现象很严重,在有烟、尘、雾的地面背景中其有效性也大为下降;二是容易受到激光、阳光、红外诱饵等干扰和其他热源的诱骗,偏离和丢失目标;三是作用距离有限。

4)电视寻的制导

电视寻的制导是由装在导弹上的电视导引头,利用目标反射的可见光信息,形成引导指令,实现对目标跟踪和对攻击飞行器控制的一种被动寻的制导技术。电视寻的制导的核心是电视导引头,它能在接近目标的飞行过程中发现、提取和捕获目标,同时计算出目标距光轴位置的偏差,依据该偏差量进行控制,可使光轴瞬时对准目标。

电视制导有着自己独特的优点:一是电视制导对目标的探测是被动的,隐蔽性好,不易受到干扰,有利于自身的安全和对目标的打击;二是电视制导设备的造价相对较低,性价比较高;三是适应性强,电视制导系统与电视制式兼容的红外热成像仪相配合,不但可用于昼间和晴好天气,而且还可用于夜间和雾气、烟尘等恶劣天气环境。

电视制导系统也可与地面指控站交联,在地面人员的指挥下实现对目标的攻击或自主着陆。导弹在飞行过程中通过机载摄像机拍摄任务地域的影像,通过下行链路传回地面指控站。地面操控与指挥人员根据接收到的图像识别目标,并可根据目标情况操控导弹调整飞行状态,控制导弹完成对指定目标的准确攻击。

5) 红外成像寻的制导

红外成像寻的制导是利用导弹上安装的红外成像设备获取目标的红外图像进行目标捕获与跟踪,并将导弹引向目标的制导方法。

红外成像又称热成像,就是把物体表面温度的空间分布情况变为按时间顺序排列的电信号,并以可视的形式显示出来,或将其数字化存储在存储器中。利用数字信号处理方法对这些图像信息进行分析处理,按照制导律得到制导指令。红外成像能够探测目标和背景间微小的温差或辐射频率差引起的热辐射分布情况,具备在各种复杂战术环境下自主搜索、捕获、识别和跟踪目标的能力,代表了当代红外制导技术的发展趋势。

红外成像导引头分为实时红外成像器和视频信号处理器两部分,一般由红外摄像头、图像处理电路、图像识别电路、跟踪处理器和摄像头跟踪系统等部分组成。实时红外成像器用来获取和输出目标与背景的红外图像信息。视频信号处理器用来对视频信号进行处理,对背景中可能存在的目标,完成探测、识别和定位。视频信号处理器还向红外成像器反馈信息,以控制它的增益和偏置。

红外成像制导的主要优点有:一是抗干扰能力强。红外成像制导系统探测目标和背景间微小的温差或辐射率差引起的热辐射分布图像,制导信号源是热图像,有目标识别能力,可以在复杂干扰背景下探测、识别目标。二是空间分辨率和灵敏度较高。红外成像制导系统一般采用二维扫描,它比一维扫描的分辨率和灵敏度高,很适合探测远程小目标。三是探测距离大,具有准全天候功能。与可见光成像相比,红外成像系统工作在 $8\sim14\mu m$ 远红外波段,该波段能穿透雾、烟尘等,其探测距离比电视制导大了 $3\sim6$ 倍,克服了电视制导系统难以在夜间和低能见度下工作的缺点,可昼夜工作,是一种能在恶劣气候条件下工作的准全天候探测的制导系统。四是制导精度高。该类导引头的空间分辨率很高。它把探测器与微型计算机处理结合起来,不仅能进行信号探测,而且能进行复杂的信息处理,如果将其与模式识别装置结合起来,就完全能自动从图像信号中识别目标,具有很强的多目标鉴别能力。

6）激光寻的制导

激光寻的制导是由弹载或非弹载的激光照射器发射照射激光束打到目标上,再由导弹上的激光寻的器接收目标反射的激光,形成制导指令,实现对目标的跟踪和将导弹引向攻击目标的一种制导方式。

按照照射激光源所在位置的不同,激光寻的制导有主动和半主动之分。激光主动寻的制导系统由导弹上的激光寻的器和目标指示器组成。在制导过程中,目标指示器发射激光照射目标,导弹上的激光寻的器接收从目标反射的激光波束作为制导信息,形成控制指令,送给导弹控制系统,控制引导导弹实时对准目标,直至命中目标。激光半主动寻的制导则是指激光目标指示器不在导弹本机上,导弹本机上仅有激光寻的器和指令形成装置的制导方式。

6.1.2.4 复合制导方式

复合制导技术是指由多种模式的导引头参与制导,共同完成导弹或制导武器的寻的任务。从前文阐述的各种制导方式的特点可知,单独的一种制导技术难以满足全天候、全天时的精确制导任务要求。例如,卫星制导尽管可以做到全天候全天时,但易受干扰,尤其是高对抗环境下的任务可靠性不容乐观;遥控制导作用距离远,但抗干扰能力较差,制导精度随作用距离的增加而降低;寻的制导虽然提高了制导系统的抗干扰能力、目标截获能力和制导精度,但作用距离有限,不适于远程飞行任务。为了提高精确制导系统的使用效能,采用复合制导是一种有效的途径。复合制导技术在充分利用现有寻的制导技术的基础上,能够获取目标的多种频谱信息,通过信息融合技术提高寻的可靠性与精度,以弥补单方式制导的缺陷。综合来看,复合制导通过综合多种传感器的优点,可以提高目标的捕捉概率和数据可信度,提高系统的稳定性和可靠性,有效识别目标的伪装和欺骗,成功进行目标要害部位的识别,并可以提高寻的制导的精度。

目前应用较广的寻的复合制导技术是双模寻的制导,如被动雷达/红外双模寻的制导系统、毫米波主/被动双模寻的制导系统、被动雷达/红外成像双模寻的制导系统等。对于导弹、巡航导弹等的中段制导,采用的复合制导方式主要有卫星/惯性复合制导、星光/惯性复合制导、多普勒/惯性复合制导、景象匹配/惯性复合制导等复合制导体制,其中GPS/惯性复合制导是目前应用最为广泛的一种复合制导方式。GPS系统能实时提供从地面到高空任何机动目标的高精度三维位置、三维速度和时间信息,GPS/INS复合制导在保持了惯性制导系统特性的基础上,兼有了两系统的优点。

6.1.3 激光半主动式制导技术

由于在目前的直升机/无人机武器协同体制下,攻击武器主要采用激光半主动式制导技术,由无人机进行激光照射为机载武器指示目标,从而实现对目标的协同打击，因此本章将重点介绍激光半主动式制导技术的实现原理及应用。

激光半主动式制导技术又称激光半主动回波制导技术，由位于弹体之外的激光目标指示器照射目标，弹上的激光导引头跟踪目标反射的激光信号，并由此信号解算出目标的视线角和视线角速度，再由弹上计算机综合弹体姿态信号并按照给定的制导律处理成控制信号，输给执行机构，使武器跟踪目标直至命中目标。激光半主动式制导技术的优点是制导精度高、抗干扰能力强，结构简单、武器系统成本低。然而，由于在摧毁目标之前需要一直用指示器照射目标，不具有"发射后不管"能力，激光指示器的运载平台有可能遭受敌方的攻击。

如图6-6所示，激光半主动式制导武器，其制导系统由指示或照射目标的激光指示器/照射器，以及制导弹药上的激光接收装置、信号处理/误差解算系统、弹道修正装置组成。实现激光制导必须突破与激光指示器/照射器有关的目标指示/照射技术、脉冲编码技术，与制导弹药有关的高灵敏度抗过载激光探测技术、弹道控制与误差修正技术等关键技术。

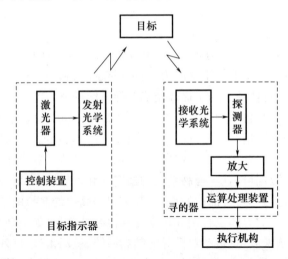

图6-6 激光半主动制导示意图

6.1.3.1 激光目标指示及照射技术

激光半主动制导系统需要由激光目标指示器为激光制导武器指示目标。作战时，首先由激光目标指示器发射激光束照射目标，随后弹上的激光导引头接收目标漫反射的回波信号，制导系统形成对目标的跟踪和对弹药的控制信号，从而将制导弹药准确地导向目标。激光目标指示器是激光制导系统的重要组成部分，也是决定制导精度的首要因素。

如图6-7所示，激光目标指示器主要由观察瞄准子系统和激光发射子系统两部分组成。

第6章 直升机/无人机武器协同攻击技术

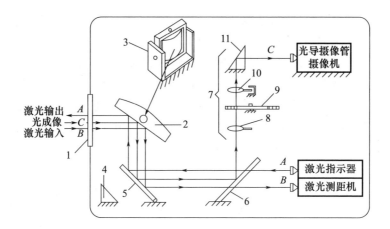

1—窗口；2—可控稳定反射镜；3—陀螺；4—角隅棱镜；5—可调反射镜；
6—分束镜；7—光学系统；8、10—透镜；9—中性密度滤光镜；11—棱镜。

图 6-7　一种激光目标指示器

观察瞄准子系统的核心是瞄准光学系统，瞄准光学系统用于初始捕获瞄准目标，应当有足够的放大倍率、足够的视场以及准确的瞄准线。其中放大倍率和视场相互矛盾，需要根据目标尺寸、气象条件等因素进行折中确定折中参数。随着光电技术的发展，原始的瞄准光学系统已经被现代光电成像系统所替代，现代光电成像系统将视场内景物以视频图像的形式呈现在操作人员眼前，在视频图像中还叠加了瞄准符号和目标信息，极大地方便了操作人员的操作使用。

激光发射子系统由激光器和发射光学系统组成，激光器是激光目标指示器的关键部件，目前已装备的激光目标指示器大多采用波长为 $1.06\mu m$ 的 Nd：YAG 激光器，如图 6-8 所示。

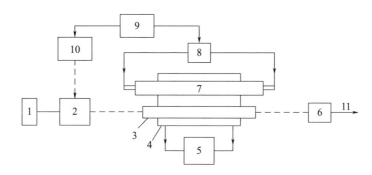

1—全反射镜；2—Q开光；3—激光棒；4—泵浦腔；5—冷却器；6—部分反射镜；
7—泵浦灯；8—电源；9—频率控制/编码器；10—延时器；11—输出巨脉冲。

图 6-8　YAG 调 Q 激光器

除激光波长外,脉冲峰值功率、脉冲宽度、重复频率、束散角及光斑的均匀性也是激光目标指示器设计过程中需要考虑的主要因素。脉冲峰值功率由系统总体要求确定,应能保证导引头中的探测器有响应;脉冲宽度应满足探测器的响应时间和放大器带宽要求;重复频率决定了制导控制指令的数据率,重复频率越高,可能达到的制导精度也就越高,但重复频率也不能过高,否则会使数据率过大;束散角应尽可能小,避免光斑过大;激光光斑的均匀性关系制导弹药的飞行误差,要求激光光斑应尽可能均匀。发射光学系统则用于进一步减小光束的束散角,并将其发射至要攻击的目标区,发射光学系统应当使指示器发出的激光束满足指示精度的要求。在发射光学系统的设计过程中需要避免镜片各曲面的聚焦对后面的元器件造成损伤。表 6-1 给出了国外激光目标指示器中激光器的典型性能指标。

表 6-1 国外目标指示激光器具有代表性的性能指标

	激光波长	$1.06\mu m$
	激光束散角(90%能量)	<2.5mrad
	脉冲重复频率(可调、可编码)	10~20 脉冲/s
	激光脉宽	20ns
激光能量	机载激光目标指示器	>150mJ
	三脚架激光目标指示器	>100mJ
	遥控飞行器载/手持式指示器	>50mJ
	激光功率	2~11MW
	激光效率	≥1%

瞄准光学系统与激光发射光学系统不论在待机还是在工作中都应该保持同轴或光轴平行,这是确保激光目标指示器指示精度的关键。对于需要兼具测距能力的激光目标指示器,其光学系统除了常见的瞄准光学系统和发射光学系统之外,还需要接收目标反射激光的接收光学系统。

为了实现战术要求,激光目标指示器除了应该具有足够高的指示精度和恰当的指示距离,还应该尽可能地降低功耗和尺寸。激光目标指示器的指示精度对整个武器系统的精度有很大的影响,取决于瞄准精度、激光束散和大气湍流。

指示器的瞄准精度与下列因素有关:

(1)在激光器运转过程中的温度变化或颠簸振动时引起的激光束相对瞄准线的漂移;

(2)瞄准光学系统与发射光学系统的校准误差;

(3)跟踪目标时的颤动、跳动和偏离目标。

第一个因素取决于激光器本身,而且是随机的,后两个因素则与光学系统和跟踪装置有关。瞄准精度可以通过改进激光器性能、精确校准观察瞄准子系统和激光发射子系统的光轴、减小激光束相对瞄准光轴的漂移和采用阻尼跟踪机构来提高;激光束用改进激光谐振腔和附加足够倍率的发射光学系统来减小;大气湍流的影响在黑夜可以忽略不计,但在白天却必须考虑。

激光目标指示器的指示距离受激光功率、目标尺寸、指示精度、大气能见度和作战条件等因素的限制。为了降低激光目标指示器的功耗和尺寸,就必须提高激光器的电光转换效率,电光转换效率受诸如激光工作物质、调 Q 元件的开关特性、聚光腔的聚光效率、谐振腔的调校精度及参数匹配、安装结构的刚性等等因素的影响。因此可以通过精选激光工作物质、改进激光谐振腔以及设法提高电源效率等措施对激光器进行优化,提高电源效率对于采用独立电源供电的激光目标指示器尤为重要。

6.1.3.2 激光探测技术

为了将激光制导弹药准确地导向目标,弹上的激光接收器必须能够可靠地探测到激光目标指示器产生的信号。对于激光探测器的要求之一是必须具有非常高的灵敏度;另一个要求则是要能够承受高过载,这样才适合装到需要高速运动的制导弹药上,特别是在发射时需承受高冲击加速度的制导弹药上。

激光半主动回波制导弹药激光导引头的作用,一是探测目标反射的激光能量,二是按制导规律将测定的参量送入控制系统。导引头是技术高度密集的光、机、电紧密结合的精确制导部件,它由光学系统和象限探测器两个主要部分组成。根据光学系统或象限探测器与弹体的装配方式不同,导引头的结构可以分为捷联式、万向支架式、陀螺稳定光学系统式、陀螺-光学耦合式和陀螺稳定探测器式 5 种。捷联式导引头的光学系统和探测器直接固定在弹体上,光轴不跟踪目标,光学系统常采用单透镜或菲涅尔透镜。万向支架式导引头的光学系统和探测器均固定在万向支架上,光轴不独立跟踪目标。陀螺稳定光学系统式导引头的光学系统和探测器均由陀螺稳定,而且光学系统通常作为陀螺转子的主要部分,其探测器固定在陀螺的内环上,不旋转但可随光轴运动。陀螺-光学耦合式导引头结构简单、性能良好、应用最广泛,其光学系统的主要部分和探测器均固定在弹体上,陀螺只稳定一个小反射镜。陀螺稳定探测器式导引头采用与前述相反的稳定光轴的方法,光学系统固定在弹体上,探测器用陀螺稳定,这一方法采用了同心光学系统,光学系统的像面是球面,其球心和反射镜的球心重合,当来自目标的光线的方向不变时,不论光学系统如何倾斜,目标像的位置均保持不动,如果将探测器置于像面上,并用陀螺稳定,则探测器中心与球心中心之间的连线便是稳定的光轴。表 6-2 列出了这几种结构的主要特性,在这几种结构中大部分都集成了稳定陀螺,其作用主要是利用陀螺的定轴性保证导引头能够稳定接收来自目标的漫反射激光束,以及利用其进动性快速地捕获目标和自动跟踪目标。

表6-2 导引头5种结构的主要特性

形式简况	捷联式	万向支架式	陀螺稳定光学系统式	陀螺-光学耦合式	陀螺稳定探测器式
结构特点	光学系统及探测器均固定在弹体上	光学系统及探测器均固定在万向支架上	光学系统及探测器均由动力陀螺直接稳定	透镜及探测器均固定在弹体上,陀螺只稳定反射镜	光学系统固定在弹体上,陀螺稳定探测器
扫描跟踪能力	无	能独立扫描跟踪,活动范围大	能独立扫描跟踪,活动范围大	能独立扫描跟踪,活动范围中等	能独立扫描跟踪,活动范围中等
视场	视场大	瞬时视场小,动态视场大	瞬时视场小,动态视场大	瞬时视场小,动态视场中等	瞬时视场小,动态视场中等
探测器	尺寸大,时间常数大	尺寸小,时间常数小	尺寸小,时间常数小	尺寸小,时间常数小	尺寸小,时间常数小
背景干扰	大	小	小	小	小
弹体运动影响	大	小	无	无	无
输出信号	目标角误差信号	目标角误差信号、支架角信号	目标角速率信号、支架角信号	目标角速率信号、支架角信号	目标角速率信号、支架角信号
精度	低	中等	高	高	高
复杂性、可靠性	好	中等	差	中等	中等
使用情况	攻击机动性差的大目标	攻击机动性差的大目标	攻击机动性好的小目标,如"海尔法"等导弹	攻击机动性好的小目标,得到最广泛的应用	攻击机动性好的小目标

导引头的光学系统位于激光导引头的最前端,功能是接收、会聚目标所反射的激光回波信号。光学系统决定了后面的探测器光敏面的大小,其性能的好坏不仅影响导引头的作用距离以及目标搜索、捕获及跟踪的能力,而且直接关系到整个激光制导武器系统的效能。光学系统既可以是纯透射式的,也可以是折返式的,不管是哪种结构,光学系统通常都包括整流罩、会聚透镜和窄带滤光片等光学元件。整流罩位于整个光学系统的最外面,其外形符合降低气动阻力的要求,可以为导引头中的其他部件提供保护。会聚透镜的作用是缩短系统焦距,这样有利于进行结构设计,同时还可以平衡系统象差。窄带滤光片只允许所用激光波长透过,因此可以提高系统的信噪比。在具体的系统设计过程中,需要符合

以下要求:整流罩内、外表面为同心球面,即其厚度是内、外表面曲率半径之差;陀螺机构以整流罩球心为转动中心,这样做主要是保证系统在搜索过程中光学性能的稳定,也可使搜索运动平稳,转动惯量小;采用类似红外系统冷屏的结构将会聚透镜和滤光片封闭起来,主要是为了消除杂散光,进一步提高系统信噪比;系统的焦距由视场和像高(参照探测器光敏面的大小)决定;系统的有效接收孔径面积则与激光目标指示器的发射功率、导引头与目标的距离、整流罩的透过率、制导武器的作用距离、目标反射率、目标反射角以及大气衰减系数等因素有关。

导引头中的象限探测器用来测定目标相对光轴的偏移量大小和偏移量方位。在激光半主动制导系统中,由于战场环境和工作方式的不同,对象限探测器还有一些特殊要求:

1) 光敏面积大

这样有利于获得较大的跟踪视场角,提高导引头的稳定性,有利于导弹发射前锁定。

2) 灵敏度高

探测器应该具有较高的响应度和较低的暗电流,从而能够更好地接收从目标反射的回波信号。

3) 动态范围宽

由于激光能量在大气中的衰减很严重,激光回波信号随着距离的增加而急剧减小,因此探测器必须具有很大的动态范围并进行自动增益控制。实际工程运用中常把象限光电探测器和自动增益控制放大电路封装在一个小型的金属壳体内,制成一个带自动增益控制的象限光电放大器组件,从而提高整个导引头的灵敏度和可靠性。

常用的象限探测器分为二元、三元和四元三种,二元、三元象限探测器由于测量误差较大或无法满足探测器均匀性的要求,因此使用上受到很大的限制。与二元、三元象限探测器相比,四元象限探测器的测量误差较小,因此在实际应用中最为常见。在导弹导引头中还可以同时采用两个象限探测器,这种结构形式可以对来自不同区域的信号采用不同的处理方式,可以根据所处的制导阶段方便地调节导引头的跟踪视场。在目标捕获阶段两个象限探测器均可接收目标信号,这时跟踪视场角大,便于发现和捕获目标。在自动导引阶段(即线性跟踪阶段),外围信号通道被关闭,导引头跟踪视场缩小,从而能够减少外部杂波的干扰,提高系统灵敏度。双象限探测器的缺点是需要在内外象限之间进行切换,系统结构复杂且成本较高。

四象限探测器由相互独立的四只光电二极管组成,四只光电二极管以光学系统的轴线为对称轴,置于焦平面附近。提高四象限探测器的灵敏度(包括量子效率)及响应速度、降低四象限探测器的噪声(暗电流)并减小其带宽、在高响应度的前提下提高各象限各自的均匀性和对短脉冲的探测能力、减小结电容及各象限间的串扰等,是提高导引头制导精度的关键。激光导引头采用的光电二极管主要有 PIN 光电二极管和硅雪崩光电二极管两种。PIN 光电二极管具有电子线路简单、性能稳定可靠等优点。PIN 光电二极管的工作电压要求不高,且环境温度对其性能影响较小。硅雪崩光电二极管本身由于能够通过雪崩效应产生很大的增益,因此探测器的信噪比较高,通常比 PIN 光电二极管高一个数量级。采用硅雪崩光电二极管的象限探测器的探测距离更远,但是由于硅雪崩光电二极管的光敏面积较小,进而影响到导弹的跟踪视场。此外,它还有工作电压偏高、性能受环境温度影响较大等缺点。相对而言,PIN 光电二极管比硅雪崩光电二极管更有优势。

激光目标指示器发出的激光经目标反射后由光学系统聚焦后在四象限探测器上形成光斑,如图 6-9 所示。

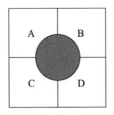

图 6-9　四象限探测器原理示意图

A、B、C、D 四个光电二极管分别组成四象限探测器的四个象限。光电二极管产生的光电转换信号经各自的信号放大器放大后形成电压信号,信号幅值与光斑在探测器每个象限的大小有关。光斑位置不同,四个象限输出的电压信号也存在差异,根据这些差异接入和差电路如图 6-10 所示,就可以计算出误差信号,形成制导指令。

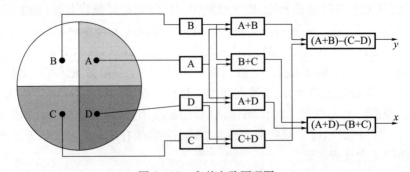

图 6-10　和差电路原理图

6.1.3.3 激光脉冲编码技术

半主动式激光回波制导武器的制导系统,由弹上的激光导引头和弹外的激光目标指示器组成,激光目标指示器与激光接收系统是相互分离的。当激光制导武器攻击目标时,激光指示器需要照射所要攻击的目标,利用目标反射的回波作为制导信息,来导引激光制导武器,为了保证在复杂的战场环境中制导武器能正确识别己方所指示的目标,指示器发射的制导信号要按系统的预先设定来编码。

目前,针对激光半主动式回波制导武器系统的干扰技术正迅速发展,主要的干扰方式有:无源干扰(如烟幕干扰和隐身干扰)、有源欺骗干扰(如高重频激光有源干扰、同步转发式干扰和应答式干扰)、致盲干扰。为了对抗有源欺骗干扰,采取的措施主要有:①使目标指示信号具有一定规律的编码特征,跟踪系统设置相应的解码电路解码;②在跟踪系统上设置脉冲录取波门。通常这两种措施同时被采用,目标指示信号采用编码方式,在激光跟踪系统瞬时视场内出现多批制导信号和干扰信号的情况下能够准确分辨己方的制导信号,而在跟踪系统上设置脉冲录取波门,则是为了使跟踪系统只在己方的制导信号到达的时刻才开启波门,而在其他时间关闭波门不接受任何信号。

1)激光脉冲编码

采用激光编码技术设置编码,不仅能够在导引头瞬时视场内出现多个目标时也能准确攻击指示的目标,还能有效防止敌方的激光干扰。激光目标指示器一般使用 Nd:YAG 激光器进行脉冲编码,其重复频率为 1~20 脉冲/s 可调,在 10~20 脉冲/s 之间可以编出 100 组码之多。导引头上有解码电路,一旦接收到预定的编码脉冲,便认为已捕获目标。

由于制导时间短、激光指示器重频不高以及接收信号的弹体反应时间的限制,若采用复杂的编码(如:通信编码)会使制导失败。所以对激光半主动回波制导而言,其可行的编码方式应既简单,又较难被敌方识别。现在最常用的编码方式有周期性编码、等差型编码、位数较低的伪随机码以及脉宽编码。

激光编码的目的是给激光制导导弹或炸弹提供目标指示信息,必须考虑到解码的可靠性,而在实际战场上电磁环境和光环境均很恶劣,在导引头可能接收干扰脉冲以及可能丢失有效脉冲的情况下,增强导引头工作可靠性的唯一方法就是进行循环编码指示,以便丢失目标后能在极短的时间内重新找回目标。因此,激光编码一般采用周期循环的形式。

激光半主动回波制导武器,一般用于近程(10km 左右)作战,其有效命中目标的最短发射距离仅为 2km。因此,以武器飞行速度马赫数 1 计算,攻击时间在 6~30s 之间,以重复频率 20 脉冲/s 计算,6s 的时间内最大有效编码脉冲的数量为 120 个。如果编码位数过长,例如超出 15 位,则最多有 8 组编码。导引头至少需要1组编码用于识别,还剩7组编码用于指导。在实战环境中可能发生信道阻塞,则用于编码识别的编码不止1组,用于制导的编码信号则更少,如此少的制导数据量是难以保证制导精度的。任何编码方案必须兼顾解码的便利和效率,因此在可预计的最高50Hz的重复频率条件下,设计超长编码无任何意义,而且激光目标指示器的编码方案不可能过于复杂,主要可能采用3~8位码,采用4位码的可能性最大。需要注意的是,在以下各种码型的基础上,为达到反破译的目的,还可能加入随机干扰信息。

(1) 周期型编码。

周期型编码有脉冲间隔编码、变间隔码、大周期编码等形式。

脉冲间隔编码又称为固定重频、精确频率、固定位数码。它的脉冲序列具有一定周期,而且一个周期内的各脉冲之间的间隔时间不变。这种码型简单、易实现、易识别。图6-11是脉冲间隔编码生成机理框图,这种编码是在一个固定位数的循环移位寄存器内设置好码型,然后在固定时钟的驱动下循环移位来生成的。

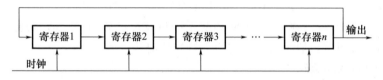

图6-11 脉冲间隔编码生成机理框图

早期的激光半主动制导所采用的编码方式较为简单,编码方式多采用基频、4位脉冲编码,即以某一重频发射的脉冲序列中,每4位按一定规律抽取脉冲,其间隔是相同的精确频率码的一种形式。

美军激光制导武器使用最为广泛的脉冲间隔编码分为3位和4位两种,3位编码的一个周期内包含了12个脉位,每4个脉位为一组,编码从"111"到"778"变化,即第一位和第二位从"1"到"7",相应的脉冲序列从"0001"到"0111",第三位从"1"到"8",相应的脉冲序列从"0001"到"1000"。4位编码是在3位编码的基础上在其前面加"1"。俄罗斯的9K25型152mm"红土地"激光末制导炮弹也采用了激光脉冲间隔编码。

由于脉冲间隔编码是固定重复频率,故在最小脉冲间隔时间内的脉冲是干扰信号,以此可以快速确定首脉冲和剔除干扰信号。由于脉冲间隔编码的周期性,通常识别两三个周期后即可确定是否为有用信号,在制导途中丢失信号的情况下也可以很快重新锁定信号。

变间隔码又称为有限位随机周期脉冲序列,与脉冲间隔码不同,变间隔码的一个周期内的各脉冲之间的间隔时间是变化的,但其脉冲序列具有一定的周期。图6-12为其示意图,$T_0 \sim T_8$代表不同的制导信号脉冲,其中$T_0 \sim T_4$是一个周期,$T_4 \sim T_8$ 是另一个周期。这种码具有重复性,但一个周期内各脉冲之间的间隔时间是随机的,连续接收到几个周期信号后,对其也可以进行识别。

若把有限位随机周期脉冲序列的周期内码数的个数增加,使其在一次制导过程中只有一个周期,或第二个周期未完成时制导已结束,这样编码的规律可使敌方很难识别,但同时也增大了己方导引头的识别难度,特别是在制导过程中穿越云层、烟雾等短时丢失目标时。

脉冲间隔编码和有限位随机周期脉冲序列是现在最常用的编码方式,各有其特点:脉冲间隔编码能快速确定其首脉冲,易剔除码间干扰信号;有限位随机周期脉冲序列没有固定重频,增大了识别难度。但两种码型都不复杂且都有周期性可以被识别。

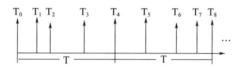

图 6-12 有限位随机周期脉冲序列示意图

大周期编码又称跳频码,是将不同周期的编码进行组合,可以克服精确频率码和变间隔码存在的固定重频容易被识别的不足。在制导武器攻击过程中,编码信号的周期循环次数很少或不循环,这样被攻击方将很难识别制导信号的编码方式。

(2)等差型编码。

等差型编码是一种脉冲间隔以等差递增或递减进行变化的编码方式,这种编码有一定规律但可实现全程不循环,在连续接收到几个间隔信号后,也可以对这种编码进行识别。

(3)伪随机编码。

伪随机码是可以通过反馈函数预先设定的、具有随机序列特性的非随机序列码。这种码具有周期性和良好的自相关性,其生成原理如图 6-13 所示。它是在固定有限位的移位寄存器内设置好起始码型,而各位码的输出再经过设定好的逻辑函数反馈到寄存器的输入端。只有 8 位的移位寄存器就可以满足在制导过程中不产生重复编码的要求,而实际使用中一般选用 16 位的移位寄存器。

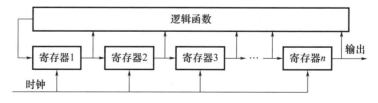

图 6-13 有限位伪随机码生成原理

伪随机编码由于反馈的存在,使其重复周期大幅度扩展,可能在一次攻击过程中,不会出现重复,所以要想在极短的时间内找到编码规律是不可能的。伪随机编码可以实现在制导武器攻击过程中编码信号的周期不循环,对其编码进行识别比较困难。

(4) 脉宽编码。

激光脉宽编码是激光半主动制导武器抗干扰研究中的一项新技术。脉宽编码技术是利用不同于其宽度的激光脉冲进行编码,基本原理是激光目标指示器采用脉宽可调激光器,并在激光器中应用可编程控制器实现脉宽编码,同时在导引头的信息处理单元中引入相应的脉宽识别电路,对目标信号进行识别、解码,从而能够区分出真目标和干扰信号。

脉宽编码技术实现的关键在于脉宽可调激光器和脉宽识别电路的研制,需要解决脉宽可调激光器的设计及纳秒级激光脉宽的测量等关键技术问题。用于制导的激光脉冲在经过目标漫反射和大气传输后会引起脉冲波形的时域展宽,在大气中传输引起的脉宽变化,主要是由大气介质不均匀性引起的,具体机理较为复杂,但是实验研究表明,其引起的脉宽变化很小,在工程应用中可以忽略其影响;经过目标漫反射引起的脉宽变化,主要是由于光斑半径引起激光传输过程中的光程差,从而导致脉宽展宽。因此在设计脉宽码型时,只要令各编码间脉宽间隔大于经目标漫反射可能引起的最大脉宽展宽,即可消除脉宽展宽对脉宽识别的影响。

2) 波门设置

激光半主动回波制导武器系统大都采用信号编码技术,激光导引头利用目标反射的激光信号来寻的,但是导引头与指示器分离,使得制导信号的发射与接收难以在时间上严格同步,从而易使导引头受到欺骗和干扰。因此需要在跟踪系统上设置脉冲录取波门,使跟踪系统只有在己方的制导信号到达时才开启波门,而在其他时间波门关闭不接收任何信号。脉冲录取波门设置的目的是仅接收己方制导信号,剔除干扰信号。波门可设置成固定型和实时型两种,固定型波门是指在确定一组相关制导信号后,以某一个脉冲为同步点,按照约定的方式一次设定好以后所有时刻的波门开启时间。实时型波门是以每一次实际接收的信号脉冲作为下一个波门的同步点,来设定下一个波门开启的时间,其同步点不是一个,波门也不是一次性设定的,实时型波门的设置可以消除波门设置中的累计误差,且波门可以设置得很窄,故被目前大多数激光制导武器所采用。

导引头波门选通的时刻由所选用的编码决定,但由于受激光目标指示器发射激光时刻的漂移、导引头在不同距离接收到激光制导信号的延时差异、指示器与导引头时基的不一致等因素的影响,波门时间宽度不可能无限缩小至仅容一个脉冲通过,通常应设为几十微秒以上,这必然给干扰信号提供了干扰空间,而要缩短波门开启的时间宽度,导引头的硬件性能需要改善,这在短时间内无法实现。

6.1.3.4 弹道控制技术

控制系统是制导弹药中最重要的组成之一,用来控制制导弹药在飞行过程中的弹道,最终实现精确命中目标。不论制导弹药采用多么先进的制导系统,以及利用多么灵活的自动驾驶仪来补偿不利的气动特性,如果控制系统不能将制导系统所产生的控制指令转化为控制力,制导弹药就很难实现精确打击。通常制导弹药的控制力由可以活动的气动舵产生,也就是所谓的气动舵控制,也称为气动力控制。然而,随着对制导弹药机动性的要求越来越高,直接力控制技术越来越多地应用于制导弹药设计中,直接力控制又可细分为推力向量控制和横向(侧向)脉冲推力控制。

6.2 直升机/无人机协同攻击的典型武器

6.2.1 典型的激光半主动式制导武器

激光半主动式制导技术以其制导精度高、抗干扰能力强、结构简单、武器系统成本低等优点,在世界各国精确制导武器领域得到应用。美国、俄罗斯、英国和以色列等国先后研制出了激光半主动式制导导弹。从20世纪70年代初到90年代初,美国先后研制、生产、装备了激光半主动式制导的AGM-114A/B/C/F/K/M系列"海尔法"空地导弹、AGM-65E"小牛"空地导弹,如图6-14所示。俄罗斯研制了AS-10/K-25ML空地激光半主动式制导导弹。英国曾在20世纪六七十年代开展过激光半主动式制导"军刀"(Sabre)空地反坦克导弹及"阿特拉斯"(ATLAS)反坦克导弹的研制,但是未见生产和装备。以色列研制并装备了"火焰"(Flame)激光半主动制导反坦克导弹。法国1974年开始研制AS-30L激光制导空地导弹,并于1988年开始装备法国海军。日本1978年开始研制的87式"中马特"激光制导反坦克导弹,也于1988年装备部队。

图6-14 美国阿帕奇携带16枚"海尔法"导弹

如图6-15所示,作战时,机上观瞄指示系统(具有照射功能的昼夜观瞄装置或昼夜侦察装置等)搜索目标,发现并捕获目标后跟踪目标,并将测量到的目标位置信息、载机信息、导弹操控信息传给发射电子单元,构成发射条件后,射手按下击发按钮,导弹发射离轨。此时导弹按程控弹道先爬升再平飞,当导引头接收到来自激光目标指示器(也称照射器)照射到目标上产生的激光漫反射信号后,导弹转入比例导引,直至命中目标。在本机照射模式下,导弹命中目标前射手需一直跟踪目标,使照射器始终对准目标,并按照规定时序延迟一定的时间后开始照射目标,直到导弹中靶。在非本机照射模式下,导弹发射离轨后,对目标的照射由地面照射手或它机进行,此时射手即可停止瞄准目标,载机可适时撤离。

图6-15 激光半主动制导导弹工作示意图

图6-16是"海尔法"半主动激光寻的器的结构,采用陀螺稳定光学系统的形式。目标反射的激光脉冲经头罩5后由主反射镜4反射聚集在不随陀螺转子转动的激光探测器7上,其前有滤光片8,主要光学元件均采用了全塑材料(聚碳酸酯)。为防止划伤,在头罩上有保护膜;为了提高反射率,主反射镜4表面镀金。

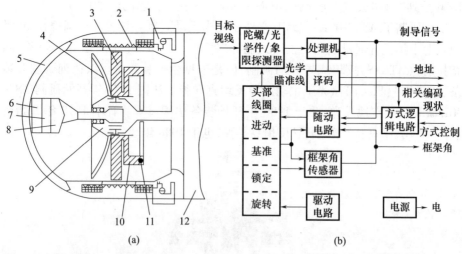

1—碰合开关;2—线圈;3—磁铁;4—主反射镜;5—头罩;6—前放;7—激光探测器;8—滤光片;9—万向支架;10—锁定器;11—章动阻尼器;12—电子舱。

图6-16 "海尔法"导弹寻的器

寻的器稳定系统包括一个装在万向支架9上动量稳定的转子——永久磁铁3,其上附有机械锁定器10和主反射镜4,这些部件一起旋转增大了转子的转动惯量。激光探测器7装在内环上,不随转子旋转。机械锁定器10用于在陀螺静止时保证旋转轴线与寻的器的纵轴重合。这样,运输时转子既可保持不动,旋转时又可保证陀螺转子与弹轴的重合性。陀螺框架有±30°的框架角,设有一个软式止动器和一个碰合开关1用以限制万向支架,软式止动器装于陀螺的非旋转件上,当陀螺倾角超过某一角度后,碰合开关闭合,给出信号,使导弹轴转向光轴,减小陀螺倾角,避免碰撞损坏。

寻的器线圈2包括有调制圈4个、旋转线圈4个、基准线圈4个、进动线圈2个、锁定线圈4个、锁定补偿线圈2个,其用途和配置与"响尾蛇"导弹的寻的器类似。

寻的器的功能框图如图6-16(b)所示,图中设有解码电路以便与激光目标照射器的激光编码相协调,方式逻辑电路控制寻的器的工作方式,是以电的形式锁定、扫描、伺服、捕获和跟踪目标,从外部控制这些功能。

6.2.2 激光半主动式制导武器的使用要求

6.2.2.1 基本要求

为有效运用带有激光指示器的激光制导武器,有以下6项基本要求需要注意:

（1）攻击方向必须使激光制导武器充分觉察到被指示目标上反射回来激光能;

（2）激光指示器必须在适当的时间持续指示在目标;

（3）必须有视线;

（4）激光指示器和激光制导武器的脉冲重复频率和脉冲内调制编码必须是兼容的;

（5）发射武器必须满足武器本身的射程要求;

（6）大气条件必须适于激光操作。

6.2.2.2 需要注意的其他问题

影响激光器成功运用的条件有:

（1）反向散射体是指被大气粒子沿激光路径反射回指示器的那部分激光束能,而其他的激光能穿向目标。反向散射体能与来自目标的反射能进行对抗,使寻的器锁定反向散射体而不是目标。挫败反向散射体的一种方法就是实施发射后锁定,使导弹飞过假的激光信号。

（2）激光器至目标视线间的遮蔽物(雾、霾、雨、雪、烟和灰尘)也会产生反向散射体脉冲返回能。为了减弱遮蔽物的影响,指示器可以等待更晴朗的大气条件,重新调整飞行器或改变(协同作战的)激光指示器和导弹发射平台的任务。

(3)衰减是指被遮蔽物沿激光器至目标视线和导弹至目标视线所"驱散"的那部分激光束能,这会减少提供给寻的器的激光能。如果衰减严重,寻的器就无法探测到来自目标的激光能。飞行员或无人机操作手能够确认至目标的探测距离会严重缩短。为了避免衰减,可重新调整无人机或有人飞机,改变任务或等待大气条件改善。

(4)射束发散性(图6-17)。激光器距离目标越远,照射在目标上的光斑必然会越大,这时就会出现能量溢出。如果可行,将激光指示平台更靠近指定目标。

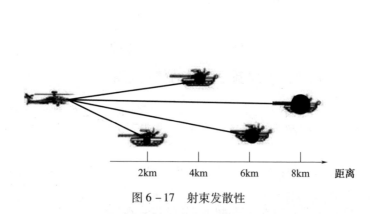

图6-17 射束发散性

过顶溢出(图6-18)是因激光斑在目标上照射太高造成的,这样射束发射性和偏移就会造成光斑或部分光斑溢出到目标后面的地形上。这样会造成间歇性背景假目标,这在更远的指示距离上会更严重。如果可行,保持正确的目标锁定。

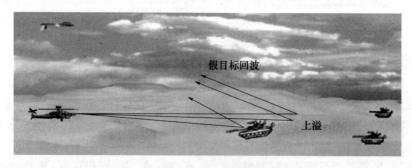

图6-18 过顶溢出

激光器光斑照射在目标上过低时就是出现低溢出(图6-19),这样光斑或部分光斑就会溢出到突起地上。这会使突起地成为一个假目标,指示距离越远情况越严重。即便只有少量的低溢出,也可能造成导弹跳跃的假返回能。如果在导弹命中前出现这种情况,命中概率会受到极大地削弱。如果可行,保持正确的目标锁定。

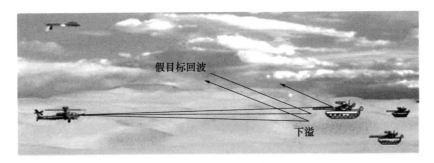

图6-19 低溢出

(5) 墙体效应(图6-20)。当寻的器在寻找发散的激光能时,它必须能够"看到"反射面。当激光器指示在寻的器看不到表面时,反射能会受到阻滞,或者偏离寻的器的头部,这称为墙体效应。人员必须要了解激光器-目标线和导弹-目标线,确保有足够的激光能提供给导弹寻的器头部。

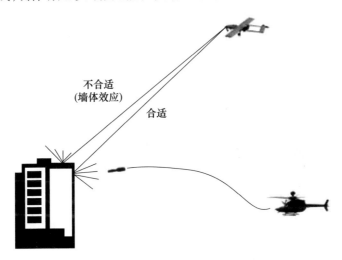

图6-20 墙体效应

(6) 镜反射。如果激光对准一面镜子,它会反射,且其光束会很窄。如果镜子垂直于激光束(图6-21),光束将直接朝激光位置反射。如果镜子有角度,波束反射角度与入射束的角度相等。任何一种寻找这种激光能的寻的器不得不处在该狭窄的反射区内。由于激光不同于可见光,它在金属、玻璃和接近镜面的表面上反射的波束窄。为降低这种效应,将激光指示器瞄准在与预期瞄准点相邻的非反射表面上,然后,随着飞行时间计数降至零,将激光点移向最终瞄准点。

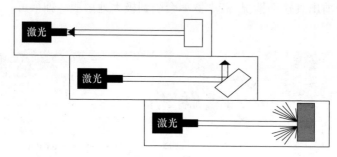

图 6-21　镜反射

6.3　直升机/无人机武器协同的典型攻击方式

6.3.1　典型武器的协同运用模式

激光半主动制导导弹通常有 3 种照射方式,分别为本机照射、它机照射和地面照射模式,简称为本机照、它机照和地照模式。

6.3.1.1　本机照射模式

本机照射模式是激光制导导弹作战的主要模式,在攻击机自身能够跟踪、瞄准、照射目标,或者目标对攻击机存在直接威胁需要在最短时间内完成对目标的攻击等情况下,应该选择本机照射模式,如图 6-22 所示。

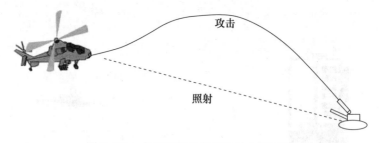

图 6-22　本机照射单发发射攻击示意图

6.3.1.2　它机照射模式

它机照射通常用于计划攻击(接收指挥中心或指挥机的攻击指令),通过双机或多机协同完成对某一目标或多个目标的攻击。由于要双机或多机协同,通常其攻击准备的时间较长。该工作模式一般用于攻击中远距离的目标。

照射机与攻击机之间通信畅通(数据链良好或可靠地语音通信),照射机与攻击机上的定位装置工作正常,且能够协调工作(照射机为攻击机提供目标信息,攻击机解算出目标相对自己的位置并为照射机提供导弹发射信息、照射延迟时间及命中目标时间),随动挂架随动于机目线,飞行员依据显示屏指示快速调整直升机航向以保证飞机方位角在允许发射的范围,如图6-23所示。

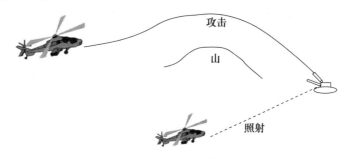

图6-23 它机照射单发发射攻击示意图

6.3.1.3 地面照射模式

地面照射模式一般用来攻击远距离或被地形遮挡的目标,本机上的昼夜侦察装置看不见目标。

6.3.2 协同制导的典型攻击过程

直升机/无人机协同攻击过程主要分为攻击计划发布、目标信息提取、攻击态势解算、攻击武器发射和协同弹道控制等五个阶段,如图6-24所示。

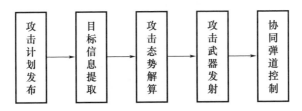

图6-24 直升机/无人机协同攻击过程

固定翼无人机和无人直升机在与直升机协同打击目标过程中,其共享信息类型不同,其协同攻击过程也有所不同。

6.3.2.1 攻击计划发布

在攻击计划发布阶段,攻击直升机向无人机发布攻击计划。

攻击计划发布后,网内其他成员收到攻击计划后向攻击直升机反馈攻击计划成功接收状态,攻击直升机收到网内其他成员的状态回复后,在攻击计划相应成员状态栏内显示成功,当网内其他所有成员都成功收到攻击计划时,在攻击计划画面会提示进入子网。

攻击计划发布后,攻击直升机在一定时间内没有收到网内其他成员的状态回复时,则视为攻击计划发布失败,需重新发布攻击计划。

无人机收到攻击计划后,根据攻击计划内容对本机作战参数进行装订。

6.3.2.2 目标信息提取

攻击直升机进入作战区域后,向无人机请求目标,无人机搜索、跟踪目标,对目标进行定位,并向攻击直升机发送目标属性。攻击直升机根据目标属性确定目标位置,装订导弹发射方式。

无人机起飞爬升至某巡航高度,按照预定航线飞往目标区域,如图6-25所示。

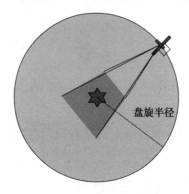

图6-25 无人机目标确认与监视示意图

6.3.2.3 攻击态势解算

攻击直升机确定目标位置后,根据攻击方式及导弹性能解算导弹攻击区,并迅速进入攻击区,如图6-26所示。

图6-26 空地导弹攻击区域水平剖面示意图

无人机收到确认指令后,计算照射区域。

设无人机的飞行高度为H,盘旋半径为R,盘旋中心至目标水平距离为D,导弹限制的最大、最小角度分别设为 $\theta_{\max}$（以目标为顶点、照射线为轴,旋转锥角所形成的有效反射区）,$\theta_{\min}$（以目标为顶点、攻击线为轴,旋转锥角所形成的危险区或照射规避区）。如图 6-27 所示无人机落在可照射区内,需满足：

$$\begin{cases} \dfrac{H}{D+R} \geq \tan(\theta_{\min}()) \\ \dfrac{H}{D-R} \leq \tan(\theta_{\max}()) \end{cases} \quad (6-1)$$

若无人机激光器最大照射距离为 L,需满足：

$$H^2 + (D+R)^2 \leq L^2 \quad (6-2)$$

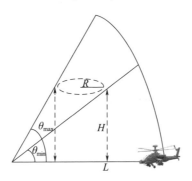

图 6-27 纵向抛面示意图

在照射过程中,还应考虑有效反射锥角在近地面的投影（末制导截获区）,为简化计算并考虑余量,按图 6-28 求解投影角度作为近地有效反射边界角。

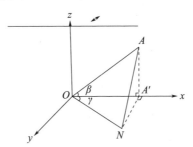

图 6-28 半边圆锥近地投影示意图

计算方法为

$$\gamma = \arccos\left(\frac{1}{2\cos\beta}\right) \quad (6-3)$$

式中　β——照射线与水平面的夹角；

　　　γ——半边反射锥面在近地面等效投影与照射线投影夹角。

无人机在目标点前盘旋,在不同高度通过计算,得到无人机盘旋高度、盘旋半径及照射极限距离对应关系。通过此对应关系,即可得到对目标较为精确照射的机动能力和盘旋高度。

无人机盘旋飞行进行照射时,飞行航迹在地平面的投影示意图如图 6 – 29 所示,可知无人机在 A、B 两点时,照射线距离主攻方向角度 α 最大,因此计算直升机的发射区时应至少满足 A、B 两点的限制条件。

根据图 6 – 28,可计算出角度 α:

$$\alpha = \arcsin\left(\frac{R}{D}\right) \tag{6-4}$$

式中　D——盘旋中心至目标点距离。

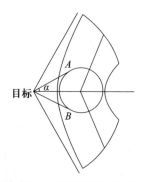

图 6 – 29　飞行俯视剖面示意图

无人机在 A 点照射目标时,参照图 6 – 29,有效反射区投影为以目标 O 点为顶点,以 OA 为中心,在某盘旋高度,以某半径作盘旋照射,有效反射区左、右覆盖角范围各不小于一定的角度范围,如图 6 – 30 所示。对于某盘旋高度,盘旋圆远离目标,重叠反射区相应增大,整个重叠反射区均可作为武装直升机导弹发射区。

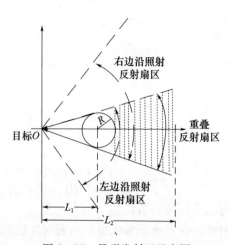

图 6 – 30　导弹发射区示意图

6.3.2.4 攻击武器发射

无人机与攻击直升机分别到达照射区和攻击区后,攻击直升机调整自身姿态使导弹满足发射条件并触发导弹发射。

6.3.2.5 协同弹道控制

无人机收到照射延迟时间后,开始照射延迟时间倒计时,倒计时结束后启动激光照射器照射目标,并实时跟踪目标确保瞄准"十字线"压在目标正中心,直到导弹命中目标。

参考文献

[1] 石章松,吴玲,吴中红,等. 多平台协同制导技术及应用[M]. 北京:电子工业出版社,2019.

[2] 曹文静,翁兴伟,王勇. 多无人机协同体系结构研究[M]. 北京:国防工业出版社,2017.

[3] 黄长强,翁兴伟,王勇,等. 多无人机协同作战技术[M]. 北京:国防工业出版社,2012.

[4] 沈林成,牛轶峰,朱华勇. 多无人机自主协同控制理论与方法[M]. 北京:国防工业出版社,2018.

[5] 毛红保,田松,晁爱农. 无人机任务规划[M]. 北京:国防工业出版社,2015.

[6] 魏瑞轩,李雪仁. 先进无人机系统与作战运用[M]. 北京:国防工业出版社,2014.

[7] 魏瑞轩,王树磊. 先进无人机系统制导与控制[M]. 北京:国防工业出版社,2017.

[8] 赵文栋,张磊. 战术数据链[M]. 北京:清华大学出版社,2019.

[9] 雷虎民,等. 导弹制导与控制原理[M]. 北京:国防工业出版社,2018.

[10] 吴森堂. 导弹自主编队协同制导控制技术[M]. 北京:国防工业出版社,2015.

[11] 陈杰,方浩,辛斌. 多智能体系统的协同群集运动控制[M]. 北京:科学出版社,2017.

[12] 刘明广. 复杂群决策系统决策与协同优化[M]. 北京:人民出版社,2009.

[13] 段海滨,邱华鑫. 基于群体智能的无人机集群自主控制[M]. 北京:科学出版社,2018.

[14] 李浩,范翔宇,金宏斌,等. 基于群体智能的无人机集群作战任务规划研究[M]. 北京:国防工业出版社,2019.

[15] 季晓光,李屹东. 美国高空长航时无人机[M]. 北京:航空工业出版社,2011.

[16] 吕娜. 数据链理论与系统[M]. 北京:电子工业出版社,2018.

[17] 樊昌信. 通信原理[M]. 北京:电子工业出版社,2010.

[18] 王玥,张克,孙鑫. 无人飞行器任务规划技术[M]. 北京:国防工业出版社,2015.

[19] 赵春晖,胡劲文,吕洋. 无人机空域感知与碰撞规避技术[M]. 西安:西北工业大学出版社,2019.

[20] SHIMA T,RASMUSSEN S. 无人机协同决策与控制:面临的挑战与实践应用[M]. 刘忠,彭鹏菲,陈伟强,等译. 北京:国防工业出版社,2012.

[21] RABBATH C A,LÉCHEVIN N. 协同无人机系统安全性与可靠性[M]. 祝小平,周渊,邵壮,译. 北京:国防工业出版社,2015.

[22] 刘熹,赵文栋,徐正芹. 战场态势感知与信息融合[M]. 北京:清华大学出版社,2019.

[23] HOCRAFFER A,NAM C S. A meta – analysis of human – system interfaces in unmanned aerial vehicle(UAV) swarm management[J]. Applied Ergonomics,2017,1(58):66 – 80.

[24] GORECKI T,PIET – LAHANIER H,MARZAT J,et al. Cooperative guidance of UAVs for area exploration with final target allocation[J]. IFAC Proceedings Volumes,2013,46(19):260 – 265.

[25] AHMED M, SUBBARAO K. Estimation based cooperative guidance controller for 3D target tracking with multiple UAVs[C]//2012 American Control Conference (ACC), June 27-29, 2012, Montreal, QC, Canada. New York: IEEE, 6035-6040.

[26] ZHU X P, LIU Z C, YANG J. Model of collaborative UAV swarm toward coordination and control mechanisms study[J]. Procedia Computer Science, 2015, 51: 493-502.

[27] WANG W J, BAI P, LI H, et al. Optimal configuration and path planning for UAV swarms using a novel localization approach[J]. Applied Sciences, 2018, 8(6): 1001-1018.

[28] JI X Y, WU S T, LIU X, et al. Research and design on physical multi-UAV system for verification of autonomous formation and cooperative guidance[C]//2010 International Conference on Electrical and Control Engineering, June 25-27, 2010, Wuhan, China. New York: IEEE, 1570-1576.

[29] 张杰勇,姚佩阳,滕培俊. 多平台防空体系中的协同机制研究[J]. 计算机科学,2011,38(9):91-94.

[30] 李磊. 国外典型有人机/无人机协同作战项目发展分析[J]. 无人系统技术,2020,3(4):83-90.

[31] 罗雪丰,雷咏春,范俊. 国外有人直升机与无人机协同研究综述[J]. 直升机技术,2018(3):61-67.

[32] 刘洋,陈雪峰,田雪涛. 基于Agent的多无人机协同飞行通信技术研究[J]. 计算机测量与控制,2016,24(8):301-303.

[33] 朱旭. 基于信息一致性的多无人机编队控制方法研究[D]. 西安:西北工业大学,2014.

[34] 王文博,范国超,许承东. 临近空间高超声速飞行器制导与控制技术研究综述[J]. 战术导弹技术,2015(6):32-36.

[35] 袁成. 美国国防高级研究计划局"小精灵"项目[J]. 兵器知识,2016(9):37-39.

[36] 徐秉君. 美国加速打造重型舰载利器:UCLASS[J]. 科技创新与品牌,2015(8):57-61.

[37] 韩志钢. 美军有人直升机与无人机协同技术发展及启示[J]. 电讯技术,2018,58(1):113-118.

[38] 李五洲,胡雷刚,王峰. 美军直升机与无人机蜂群协同作战使用分析[J]. 军事文摘,2020(7):29-32.

[39] 魏瑞轩,周凯,王树磊,等. 面向未知环境的无人机障碍规避制导律设计[J]. 系统工程与电子技术,2015,37(9):2096-2101.

[40] 王树磊,魏瑞轩,郭庆,等. 面向协同standoff跟踪问题的无人机制导律[J]. 航空学报,2014,35(6):1684-1693.

[41] 刘剑豪,汤辛,魏光辉,等. 无人机蜂群对未来战争的影响及应对措施分析[J]. 飞航导弹,2020(9):28-31.

[42] 李浩,孙合敏,李宏权,等. 无人机集群蜂群作战综述及其预警探测应对策略[J]. 飞航导弹,2018(11):46-51.

[43] 魏扬,张登成,张艳华,等. 无人机自主编队制导律设计[J]. 飞行力学,2016,34(2):

37-41.

[44] 万伟. 无人机自主协同攻防一体化智能火控技术的研究[D]. 南京:南京航空航天大学,2009.

[45] 胡月,丁萌,姜欣言,等. 一种面向有人/无人直升机协同打击的地面目标任务分配方法[J]. 航空科学技术,2019,30(10):64-69.

[46] 胡月. 有人/无人机协同作战任务分配与航迹规划研究[D]. 南京:南京航空航天大学,2020.

[47] 李英豪,樊蓉,郭创,等. 有人机/无人机协同下空空导弹发射区仿真分析[J]. 火力与指挥控制,2018,43(10):44-50.

[48] 姜禹呈,郭基联. 有人机/无人机协同效果评估模型设计[J]. 军事运筹与系统工程,2016,30(3):28-31.

[49] 樊洁茹,李东光. 有人机/无人机协同作战研究现状及关键技术浅析[J]. 无人系统技术,2019,2(1):39-47.

[50] 丁达理,谢磊,王渊. 有人机/无人机协同作战运用及对战争形态影响[J]. 无人系统技术,2020,3(4):1-9.

[51] 李五洲,胡雷刚,李宗璞. 直升机载无人机蜂群分布式智能作战探析[C]//中国指挥与控制学会. 第八届中国指挥控制大会论文集. 北京:兵器工业出版社,2020:155-159.